高等教育建筑类专业系列教材

修建性详细规划实训

主　编　尹　娟　张作昌

副主编　周晓寒

重庆大学出版社

内容提要

"修建性详细规划"是城乡规划专业的一门专业必修课。本书以长沙市勘测设计研究院研发的"湘源修建性详细规划 CAD 系统"为实训的软件平台,结合部分案例详细介绍了软件平台的地形、道路、建筑、绿化、环境、日照、管线、竖向、标注、渲染等模块的操作步骤和技巧。本书内容全面、图文结合,能满足本课程实训环节的教学需要。

本书可用作高等教育城乡规划专业、园林规划专业及相关土建类专业的实训教学用书,也可供初级规划编制人员参考。

图书在版编目(CIP)数据

修建性详细规划实训 / 尹娟,张作昌主编. -- 重庆:
重庆大学出版社,2024.2
高等教育建筑类专业系列教材
ISBN 978-7-5689-4359-8

Ⅰ. ①修⋯ Ⅱ. ①尹⋯ ②张⋯ Ⅲ. ①修建—详细规划—高等学校—教材 Ⅳ. ①TU7

中国国家版本馆 CIP 数据核字(2024)第 048484 号

修建性详细规划实训
XIUJIANXING XIANGXI GUIHUA SHIXUN

主 编 尹 娟 张作昌
副主编 周晓寒
策划编辑:林青山
责任编辑:张红梅 版式设计:林青山
责任校对:谢 芳 责任印制:赵 晟

*

重庆大学出版社出版发行
出版人:陈晓阳
社址:重庆市沙坪坝区大学城西路 21 号
邮编:401331
电话:(023)88617190 88617185(中小学)
传真:(023)88617186 88617166
网址:http://www.cqup.com.cn
邮箱:fxk@ cqup.com.cn(营销中心)
全国新华书店经销
重庆紫石东南印务有限公司印刷

*

开本:787mm×1092mm 1/16 印张:9.75 字数:245 千
2024 年 2 月第 1 版 2024 年 2 月第 1 次印刷
印数:1—2 000
ISBN 978-7-5689-4359-8 定价:29.00 元

前　言

随着我国新型城镇化建设的推进,修建性详细规划成为我国城市规划管理的主要技术手段之一。"修建性详细规划"是城乡规划专业的一门专业必修课。然而,大多数开设城乡规划专业的院校普遍缺乏指导学生进行修建性详细规划实训的教材,本书正是在此背景下编写而成。

本书的编写以党的二十大精神为指导,以长沙市勘测设计研究院研发的"湘源修建性详细规划 CAD 系统"为实训的软件平台,结合部分案例详细介绍软件平台的地形、道路、建筑、绿化、环境、日照、管线、竖向、标注、渲染等模块的操作步骤和技巧。本书内容全面、图文结合,能满足课程实训环节的教学需要,同时期望树立规划师应具有的职业规范和道德素养,增强实现中华民族伟大复兴的中国梦的使命感和责任感。

本书由广西财经学院尹娟、张作昌担任主编,由广西财经学院周晓寒担任副主编,广西财经学院左嘉丽、樊艳红参与编写。全书由尹娟、周晓寒统稿。本书在编写过程中得到了长沙市海图科技有限公司曾全才,以及广西财经学院人文地理与城乡规划专业莫文慧、冯馨尹等同学的协助。在此,谨向支持和帮助过本书编写和出版的个人及单位表示衷心感谢。

由于编者水平有限,书中难免存在不足,恳请读者指正。

编　者

2023 年 12 月

目　录

1

基本概念

1.1　居住区在城市规划设计中的地位、作用及意义

城市中,住宅建筑相对集中布局的地区称为居住区。居住区是城市的有机组成部分,其规划与建设水平,反映着居民在生活和文化上的追求,关系到城市的面貌,是社会物质文明和精神文明发展的主要标志。

居住区规划是在一定的规划用地范围内进行的,对其各种规划要素的考虑和确定,如日照标准、房屋间距、密度、建筑布局、道路、绿化和空间环境设计及其组成的有机整体等,均与所在城市的特点、所处建筑的气候分区、规划用地范围内的条件及现状、社会经济发展水平等密切相关。在规划设计中应充分考虑、利用和强化已有特点和条件,为整体提高居住区规划设计水平创造条件。

居住区规划布局与建设对城市总体规划与城市发展具有重要影响作用。同时,居住区规划与建设水平也是一个城市社会发展的缩影,直接反映城市的经济、社会、文化、建设等各个方面。因此,通过居住区规划方案的综合评价来保障城市居住区规划建设质量具有重要意义。

1.2 居住区相关概念

▶ **1.2.1 居住区基本概念**

1)城市居住区层次划分

根据《城市居住区规划设计标准》(GB 50180—2018),城市居住区可分为十五分钟生活圈居住区、十分钟生活圈居住区、五分钟生活圈居住区和居住街坊4个基本层次,具有相应的人口规模。

十五分钟生活圈居住区:以居民步行十五分钟可满足其物质与生活文化需求为原则划分居住区范围;一般由城市干路或用地边界线所围合,居住人口规模为50 000 ~ 100 000人(约17 000 ~ 32 000套住宅),配套设施完善的地区。

十分钟生活圈居住区:以居民步行十分钟可满足其基本物质与生活文化需求为原则划分居住区范围:一般由城市干路、支路或用地边界线所围合,居住人口规模为15 000 ~ 25 000人(约5 000 ~ 8 000套住宅),配套设施齐全的地区。

五分钟生活圈居住区:以居民步行五分钟可满足其基本生活需求为原则划分居住区范围;一般由支路及以上级城市道路或用地边界线所围合,居住人口规模为5 000 ~ 12 000人(约1 500 ~ 4 000套住宅),配建社区服务设施的地区。

居住街坊:由支路等城市道路或用地边界线围合的住宅用地,是住宅建筑组合形成的居住基本单元;居住人口规模在1 000 ~ 3 000人(约300 ~ 1 000套住宅,用地面积2 ~ 4 hm^2)并配建有便民服务设施。

2)居住区用地分类构成

居住区用地是住宅用地、配套设施用地、公共绿地以及道路用地的总称。

其他用地是指规划用地范围内,除居住区用地以外的各种用地,包括非直接为本区居民配建的道路用地、其他单位用地、保留用地及不可建设的土地等。

3)居住区规划设计基本规定与任务要求

(1)基本规定

居住区规划设计应坚持以人为本的基本原则,遵循适用、经济、绿色、美观的建筑方针,并应符合下列规定:

①应符合城市总体规划及控制性详细规划;

②应符合所在地气候特点与环境要求、经济社会发展水平和文化习俗;

③应遵循统一规划、合理布局,节约土地、因地制宜,配套建设、综合开发的原则;

④应为老年人、儿童、残疾人的生活和社会活动提供便利的条件和场所;

⑤应延续城市的历史文脉、保护历史文化遗产并与传统风貌协调;

⑥应采用低影响开发的建设方式,并应采取有效措施促进雨水的自然积存、自然渗透与自然净化;

⑦应符合城市设计对公共空间、建筑群体、园林景观、市政等环境设施的有关控制要求。

居住区应选择在安全、适宜居住的地段进行建设，并应符合下列规定：

①不得在有滑坡、泥石流、山洪等自然灾害威胁的地段进行建设；

②与危险化学品及易燃易爆品等危险源的距离，必须满足有关安全规定；

③存在噪声污染、光污染的地段，应采取相应的降低噪声和光污染的防护措施；

④土壤存在污染的地段，必须采取有效措施进行无害化处理，并应达到居住用地土壤环境质量的要求。

（2）目标

居住区规划设计应以营造安全、卫生、方便、舒适、美丽、和谐以及多样化的居住生活环境为目标。

（3）居住区规划设计的内容与成果

①分析图：基地现状及区位关系图，基地地形分析图，规划设计分析图；

②规划设计编制方案图：居住区规划总平面图，建筑选型设计方案图；

③工程规划设计图：竖向规划设计图，管线综合工程规划设计图；

④形态意向规划设计图或模型：全区鸟瞰或轴测图，主要街景立面图，社区中心、重要地段以及主要空间节点平、立、透视图；

⑤技术经济指标：居住区用地平衡表，面积、密度、层数等综合指标，公建配套设施项目指标，住宅配置平衡以及造价估算等指标；

⑥规划设计说明。

► 1.2.2 居住区的规划结构和布局

1）居住区的基本布局模式

居住区的基本布局模式有以下4种：

①四级结构：十五分钟生活圈居住区—十分钟生活圈居住区—五分钟生活圈居住区—居住街坊。

②三级结构：十五分钟生活圈居住区—五分钟生活圈居住区—居住街坊；十五分钟生活圈居住区—十分钟生活圈居住区—居住街坊；十分钟生活圈居住区—五分钟生活圈居住区—居住街坊。

③二级结构：十五分钟生活圈居住区—居住街坊；十分钟生活圈居住区—居住街坊；五分钟生活圈居住区—居住街坊。

④独立居住街坊。

2）居住区用地在城市总体布局中的分布方式

居住区用地在城市总体布局中主要有集中布置、分散布置和轴向布置三种分布方式。

（1）集中布置

当城市规模不大，有足够的用地且在用地范围内无自然或人为的障碍，可以成片紧凑地组织用地时，常采用这种布置方式。其优点是：集约化、经济、交通便捷。但当城市规模过大、居住区用地大片密集布置时，则可能造成上下班出行距离增加，与自然联系不紧密，影响居住生态质量等问题。

（2）分散布置

当城市用地受到地形等自然条件的限制，或受城市的产业分布和道路交通设施的走向与网络的影响时，居住区用地可根据地理状况合理分散布置。

（3）轴向布置

当城市用地以中心地区为核心，居住区用地或与产业用地相配套的居住区用地沿着多条由中心向外围放射的交通干线（如快速路、轨道交通线等）布置时，可在适宜的出行距离范围内，赋予一定的组合形态，逐步延展，轴向布置。

3）探索节约居住区用地的规划途径

土地是不可或缺的生产要素，土地的节约集约利用势在必行。在居住区规划阶段，节约用地的探索可从以下几方面入手：

①选址适宜，保护耕地，不占良田好土——节地前提。

②切实考虑国情民情，确定恰当的开发强度，并严格监控合理的技术经济指标体系——节地关键。

③区内各项用地要落实具体的节约用地措施，尤其是居住区内占地最大的"住宅用地"，必须认真选择节地性能好的住宅建筑类型及其住宅群体布置方式——节地胜算之举。

④注意激活消极空间、阴影区、边角余留碎地等规划欠佳之地，并使其降到最低。对不可避免之处，要积极处理利用，这和规划的整体质量联系在一起。

⑤遵守市场规律，保证规划设计质量，利于经营，分期出让，提高土地附加值——可折射节地效益。

▶ **1.2.3 居住区的规划布局形式**

居住区的规划布局形式主要有片块式、轴线式、向心式、围合式、集约式、隐喻式六种。

（1）片块式规划布局（图1.1）

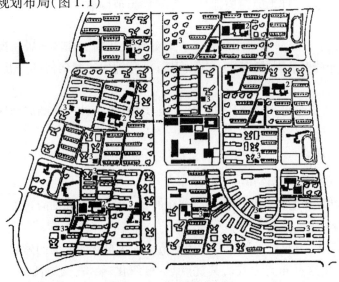

图1.1 片块式规划布局

1—十五分钟生活圈居住区中心；2—十分钟生活圈居住区中心；3—五分钟生活圈居住区中心

住宅建筑在尺度、形体、朝向等方面具有较多相同的因素,并以日照间距为主要依据建立起紧密联系的群体,它们不强调主次等级,成片成块、成组成团布置,形成片块式规划布局形式。

(2)轴线式规划布局(图1.2)

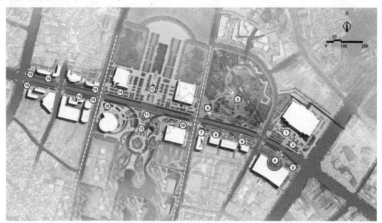

图1.2 轴线式规划布局(注:引用鸿福路轴带空间)
1—美食广场;2—健身公园;3—海德广场;4—迎宾草坪;5—中心绿地;
6—下沉广场;7—地下空间出入口;8—庆典草坪;9—商业建筑盒子;
10—特色水景;11—地下通道出入口;12—文化广场;13—活力广场;
14—特色种植池;15—街头艺术景观;16—休闲空间

空间轴线或可见或不可见,可见者常由线性的道路、绿带、水体等构成,但不论轴线的虚实,都具有强烈的聚集性和导向性。一定的空间要素沿轴布置,或对称或均衡,形成具有节奏的空间序列,起支配全局的作用。

(3)向心式规划布局(图1.3)

图1.3 向心式规划布局(注:引用上海张江高科站)

将一定的空间要素围绕占主导地位的要素组合排列,表现出强烈的向心性,易于形成中心。这种布局形式山地用得较多,顺应自然地形布置的环状路网造就向心的空间布局。该布局往往选择有特征的自然地理地貌为构图中心,同时结合布置居民物质与文化生活所需的公共服务设施,形成中心。

(4)围合式规划布局(图1.4)

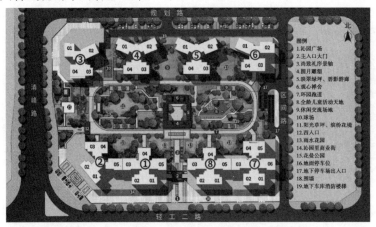

图1.4　围合式(注:引用城发·花曼沁园小区总平)

住宅沿基地外围布置,形成一定数量的次要空间并共同围绕一个主导空间,构成后的空间无方向性。主入口按环境条件可设于任一方位,中央主导空间一般尺度较大,统率次要空间,也可以其形态的特异突出其主导地位。围合式布局可有宽敞的绿地和舒展的空间,日照、通风和视觉环境相对较好,但要注意控制适当的建筑层数和建筑间距。

(5)集约式规划布局(图1.5)

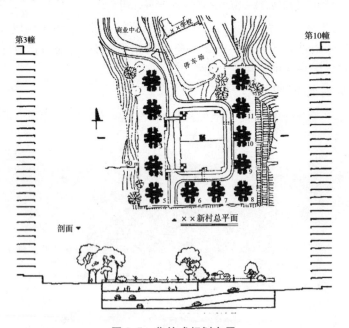

图1.5　集约式规划布局

将住宅和公共配套设施集中紧凑布置,并开发地下空间,依靠科技,使地上地下空间垂直贯通、室内室外空间渗透延伸,形成居住生活功能完善、水平-垂直空间流通的集约式整体空间。这种布局形式节地节能,可在有限的空间里很好地满足现代城市居民的各种要求,在旧城改建和用地紧缺的地区尤为适用。

(6)隐喻式规划布局(图1.6)

将某种事物作为原型,经过概括、提炼、抽象成建筑与环境的形态语言,使人产生视觉和心理上的某种联想与感悟,从而增强环境的感染力,构成"意在象外"的境界升华。隐喻式规划布局注重对形态的概括,讲求形态的简洁、明了、易懂,同时紧密联系相关理论,做到形、神、意融合。

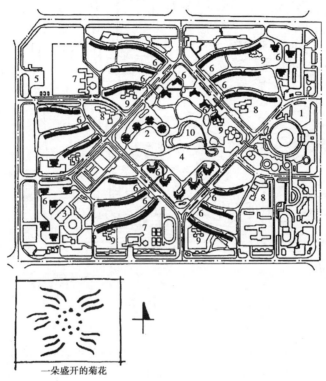

一朵盛开的菊花

图1.6 隐喻式规划布局

1—地区中心;2—居住区文化中心;3—居住区商业中心;4—居住区公园;5—多层车库;6—居委会和小商店;7—中学;8—小学;9—幼儿园;10—人工湖

1.3 居住区设计计算机辅助软件介绍

▶ 1.3.1 平面绘图表达部分

1)Autodesk CAD

Autodesk CAD 是一款由美国 Autodesk 公司出品的交互式绘图软件,用于二维及三维设计、绘图。该软件被广泛运用于各个行业,如建筑设计、电气设计以及土木工程设计等,是众多绘图软件中功能较强大的。城市规划成果的表达主要包括图纸与文本,计算机绘图成为必不可少的工作,因此,Autodesk CAD 这款软件在居住区规划设计中有着非常重要的作用

（图1.7）。

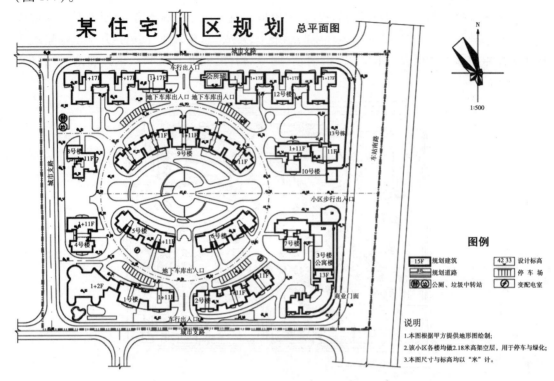

图1.7　某住宅小区规划总平面图

2）Adobe PhotoShop

　　PhotoShop是一款由美国Adobe软件公司开发的图像处理软件,常用于摄影、美术设计、平面广告设计以及效果图后期制作等。在规划设计中,PhotoShop也有着广泛的应用,如常常利用PhotoShop强大的色彩填充功能来修补CAD的色彩缺陷;在规划项目效果图的制作中,利用它强大的后期合成能力,以及各种滤镜,提高效果图的表现能力（图1.8）。

图1.8　某小区规划设计总平面图

3）湘源系列软件

湘源系列软件是一款由湖南省长沙市规划局针对城乡规划工作而研发的基于 AutoCAD 的二次平台软件，其中最常使用的是湘源控制性详细规划 CAD 系统和湘源修建性详细规划 CAD 系统这两款软件。使用湘源系列软件需要在计算机上安装 Autodesk CAD 软件。

①湘源控制性详细规划 CAD 系统（简称"湘源控规"），主要适用于城市分区规划、城市控制性详细规划的设计与管理，包含了市政管网设计、日照分析、土方计算、现状地形分析、图则制作以及专项设计等功能。

②湘源修建性详细规划 CAD 系统（简称"湘源修规"），可用于修建性规划设计、修建性总平面设计、建筑总平面设计以及园林绿化设计等。同时该软件还包含了现状地形分析、市政管网设计、土方计算以及日照分析等功能。

4）飞时达系列软件

飞时达系列软件是由杭州飞时达软件有限公司（后文简称"飞时达公司"）开发的。飞时达公司成立以来一直专注于城市规划建设与工程勘察设计领域的信息化，形成了以图形资源共享管理为中心，贯穿 CAD 辅助设计、设计成果建库管理、规划项目审批审查的全系列软件产品与解决方案。其城市规划类产品中的总规控规设计软件 GPCADK 和修建详规设计软件 GPCADX 是大家比较熟悉的软件（图 1.9）。

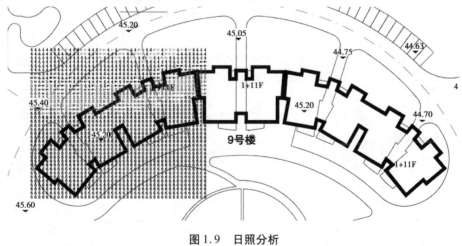

图 1.9　日照分析

1.3.2　三维软件绘图表达部分

1）SketchUp

SketchUp（草图大师）是一款操作简便且功能强大的三维建模软件。由于其简便直观的操作以及易于编辑的特点，该软件在推出后便受到设计师的广泛喜爱。在居住区规划中，利用 SketchUp 不仅可以很好地把握规划的大体量，还可以控制建筑的细部节点，还可以将 SketchUp 结合 CAD 进行三维建模工作，将完成的模型导入 3ds Max 渲染后再进行后期处理便可以得到一幅精美的居住区规划效果图（图 1.10）。

图 1.10　某小区景观规划效果图

2)3ds Max

　　3ds Max(全称 3D Studio Max)是一款由 Discreet 公司开发的(后被 Autodesk 公司合并)、基于 PC 系统的三维动画渲染和制作软件。该软件广泛应用于建筑室内外设计、广告设计、影视制作以及游戏等领域,其中 3ds Max+Vray 模式几乎成了建筑设计行业和建筑表现行业的标准。在城市规划行业中,3ds Max 主要用于制作精美的效果图,如各种透视图、鸟瞰图,以便更好地表达规划人员的设计思想,同时,让受众更好地感受设计作品(图 1.11)。目前,3ds Max 的最新版本为 Autodesk 3ds Max 2020。

图 1.11　某片区总体规划设计图

1.4 居住区设计的相关标准

居住区设计的相关标准有:《城市居住区规划设计标准》(GB 50180—2018)、《民用建筑设计统一标准》(GB 50352—2019)、《住宅建筑绿色设计标准》(DGJ 08-2139—2018)(2020年局部修订),以及有关城市规划的规范都有涉及居住用地的设计标准。

修建性详细规划实例绘制图解

2.1　湘源软件安装及相关设置

　　本书使用的是湘源修规 3.0,它以 AutoCAD 为图形支撑平台,全面支持 Windows XP、Win7、Win8、Win10 操作系统,所有代码都用 VC+2005 和 ObjectArx2008 编写。

　　在安装湘源修规 3.0 之前,请先确认计算机上已安装 AutoCAD 2008—2018(32/64),并能正常运行。运行 SETUP. EXE 程序,按提示完成安装。安装完毕后,形成"湘源修建性详细规划 CAD 系统"工作组,并在桌面上生成"湘源修规 3.0"快捷图标,双击此图标,即可运行该软件。

　　该软件通过硬件狗加密,按硬件狗类型可划分单机版和网络版两种。本书只对网络版的使用方法进行讲解。在客户端进入"湘源修规 3.0"软件,运行"帮助"—"加密狗(X_Dog-TypeSet)"命令,然后选择"查找网络狗",并输入网络服务器的 IP 地址或计算机名称,单击"确定",即可使用湘源修规 3.0 的所有命令。

2.2 地 形

▶ 2.2.1 命令详解

1)"植被填充"命令

功能:用于地形图中填充各种植被。

菜单:"地形"→"植被填充"→"绘制植被"。

命令行:DIXINHATCH。

运行命令后,出现如图2.1所示的对话框,且命令行有如下显示:

选择获取边界方式[点选(0)/选实体(1)/描边界(2)]<0>:

命令行提供三种输入边界的方式:点选、选实体和描边界(如直接按回车键或空格键则默认点

选<0>),用户自行选择输入边界的方式。

点选(快捷键为<0>):在封闭的区域内输入一点,程序自动填充封闭区域的边界线。

选实体(快捷键为<1>):选择闭合的曲线实体,如多段线、圆、长方体、椭圆等(不能选择单个直

线或圆弧)。

描边界(快捷键为<2>):根据用户需求描出相对应的闭合曲线。

图2.1 植被填充

注意:

①该命令所绘植被填充是以图块方式生成的,用户不能获取其边界线。

②植被填充绘制好后,用户很难再修改其间距、比例等。填充的比例、间距是根据图纸比例自动处理的,用户绘制之前,应通过"参数设置"("工具"→"绘图参数"→"参数设置")命令,首先设置好图纸比例。

③每个填充区域中实体的数量不能太多,否则该命令会停止执行。

2)"输高程点"命令

功能:人工输入单个高程点,或对高程点进行修改。

菜单:"地形"→"输入高程点"。

命令行:DRAWLSD。

运行命令后,命令行有如下显示:

输入位置点或[计算(C)/缩放(S)/点(T)/修改值(V)/修改参数(P)/选实体(O)]:

用户输入高程点的位置坐标及高程值,或输入 C、S、T、V、P、O

"输入位置点"命令,在界面选定位置点后,按回车键,命令行有如下显示:

高程<0.00>:

输入对应的高程值,按回车键。

"计算(C)"命令,在命令行输入 C,按回车键,命令行有如下显示:

[使用上一次标高值(0)/计算标高值(1)]<0>:

"缩放(S)"命令:对高程点进行放大或缩小指定倍数。在命令行输入 S 后,按回车键,命令行有如下显示:

选择高程点及高程数字:

用鼠标在操作界面框选需要缩放的高程点和高程数字,按回车键确定。

"点(T)"命令,在命令行输入 T,按回车键,命令行有如下显示:

选择[圆圈转点(0)/点转圆圈(1)]<0>:

下面以图2.2所示的圆圈转点(0)为例。

$$·1.00 \quad \rightarrow \quad \otimes 1.00$$

图2.2　输入高程点

"修改值(V)"命令:修改高程数值。在命令行输入 V,按回车键,命令行有如下显示:

选择高程点及高程数字:

输入新的高程数值<0.00>:

"修改参数(P)"命令:修改数字与点的位置关系。在命令行输入 P,按回车键,命令行有如下显示:

输入文字至高程点的 X 方向距离与字高比值

输入文字至高程点的 Y 方向距离与字高比值

输入高程点的大小与字高比值

选实体(O):把具有 Z 坐标值的图块、点或圆实体转换为高程点。可以选择多个一次转换。

3)"字转高程"命令

功能:把普通的标高数字,转为本软件可以识别的高程点。

菜单:"地形"→"字转高程"。

命令行:HGTPOINT。

运行命令后,命令行有如下显示:

输入标高最低:用户输入标高数字中最小的值。

输入最高值:用户输入标高最大值。

选择是否过滤掉无小数点的数字[否(0)/是(1)]<1>:通过小数点过滤。

选择标高文字:用户选择普通的标高数字,可以多选。

结果如图 2.3 所示。

图 2.3　字转高程

按照要求输入数值

输入标高最低值<10.00>:0

输入标高最高值<1000.00>:100

选择是否过滤掉无小数点的数字[否(0)/是(1)]<0>:0

选择标高文字:指定对角点: 找到 6 个

说明:在普通电子地形图文件中,当标高数字与其他文字图层相同时,可通过输入标高值范围,过滤掉非标高数字(例如建筑层数等),因为普通汉字、英文字母等会被认为是数字"0",自然被过滤掉,建筑层数为数字文字,但其值较小,也可通过标高最低值过滤掉。

4)"找最高点"命令

功能:查找图中最高点或最低点的标高位置。该命令主要用于排错,通过获得最高点或最低点,查看是否存在错误的高程点或等高线,也可用于现状地形图最高点定位。

菜单:"地形"→"找最高点"。

命令行:FINDLSD 。

运行命令后,命令行有如下显示:

选择查找[最高点(0)/最低点(1)/重复点(2)]<0>:

说明:使用该命令之前,图中必须存在高程点或等高线。

5)"文件输入"命令

(1)"EXCEL 入点"命令

功能:输入 Microsoft Excel 格式的标高控制点文件,并生成高程点。

菜单:"地形"→"文件输入"→"EXCEL 入点"。

命令行:READLSD。

运行命令后,用户选择有标高内容的 Excel 文件名,单击"打开",操作窗口界面会弹出如图 2.4 所示的对话窗。用户输入 Microsoft Excel 文件中的表页(sheet)名称,由于 Microsoft Excel 文件中存在许多表页,因此,用户必须输入具体表页名,缺省表页为"sheet1"。

图 2.4　Microsofe Excel 表格输入

注意:Microsoft Excel 文件格式为"X""Y""Z"对应的三个坐标数值,用户可以使用"EXCEL 出点"命令,生成一个标准的 Microsoft Excel 文件,然后打开它查阅其具体格式,如图 2.5 所示。

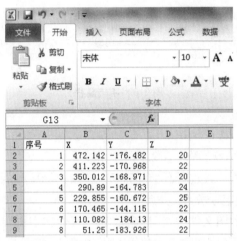

图 2.5　具体格式

(2)"EXCEL 出点"命令

功能:把当前图形中的所有高程点,输出到 Microsoft Excel 格式文件中。

菜单:"地形"→"文件输入"→"EXCEL 出点"。

命令行:DWGOUTLSD。

说明:运行命令后,出现保存对话框,用户选择输出文件名。在运行该命令之前,图中必须具有高程点。

(3)"TEXT 入点"命令

功能:输入文本格式的标高控制点文件,并生成高程点。

菜单:"地形"→"文件输入"→"TEXT 入点"。

命令行:RDLSDTXTF。

说明:运行该命令后,出现文件打开对话框,用户选择有标高内容的文本文件名,单击"确认"按钮,即可在图中生成所有高程点。

(4)"TEXT 出点"命令

功能:把当前图形中的所有高程点,输出到 Microsoft Excel 格式文件中。

菜单:"地形"→"文件输入"→"TEXT出点"。

命令行:WTLSDTXTF。

说明:运行命令后,出现保存对话框,用户选择输出文件名。在运行该命令之前,图中必须具有高程点。

(5)"输入红线"命令

功能:把Microsoft Excel格式的坐标数据文件输入当前图中,并生成用地红线。

命令:"地形"→"文件输入"→"输入红线"。

命令行:EXCELINPLN。

说明:运行命令后,出现文件打开对话框,用户选择红线坐标数据文件,并单击"打开"按钮。

(6)"输出红线"命令

功能:把所选用地红线输出到Microsoft Excel格式的数据文件中。

菜单:"地形"→"文件输入"→"输出红线"。

命令行:EXCELOUTPLN。

说明:运行命令后,出现文件打开对话框,用户输入需输出的数据文件名,并单击"保存"按钮。

选择PLINE线:用户选择用地红线(PLINE线),出现保存对话框,用户输入需输出的文件名。

6)"绘等高线"命令

功能:在当前图形中绘制等高线。

菜单:"地形"→"绘等高线"。

命令行:DRAWDGX。

运行命令后,命令行有如下显示:

输入等高线间距或[间插(D)/类型(T)]:输入等高线间距,按回车键,

指定第一个点:在界面上指定一点

指定下一定[C闭合]:指定下一点,用"C"命令闭合,回车则完成。

间插(D):在两条等高线之中插入等高线,如图2.6所示。

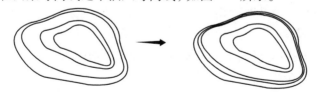

图2.6 等高线

输入等高线间距或[间插(D)/类型(T)]:d

选择相邻的两条等高线:找到1个,再在界面选择两条相邻的等高线。

类型(T):可类型[现状等高线(0)/设计等高线(1)]。

7)"转等高线"命令

功能:把当前图形中的曲线实体转为本软件可以识别的具有高程值的等高线。

菜单:"地形"→"转等高线"。

命令行:CHGELEV。

运行命令后,命令行有如下显示:

输入等高线间距: 用户输入相邻两条等高线的间距。

选择等高线: 用户选择图中需要转成等高线的普通曲线实体。

输入高程: 输入该等高线的高程数值。

8)"成组定义"命令

功能:把当前图中普通曲线成组定义转换为本软件所能识别的等高线。用户输入一条直线,程序根据该直线,自动寻找与其相交叉的普通曲线,并按直线从起点至终点进行排序,根据起点高程及间距,转为等高线。

菜单:"地形"→"成组定义"。

命令行:GROUPDGX。

运行命令后,命令行有如下显示:

起点: 用户输入直线的起点。

终点: 用户输入直线的终点,注意直线必须与需要选取的等高线相交。

等高线间距<1.00>:用户输入相邻两等高线的间距。注意正负值,正表示从起点到终点等高线的高程逐步增加,负表示逐步减少。

起点等高线高程:用户最好输入最高或最低高程。

选择[递增(0)/递减(1)]:

说明:使用该命令,可以一次性把一组普通等高线定义为本软件能识别的等高线,常用于普通电子图中的等高线转换。

9)"任意点高"命令

功能:根据高程点或等高线,求任意一点的高程值。

命令行:CALANYW。

命令:"地形"→"任意点高"。

输入位置:用户输入需查询高程的位置点坐标,显示的"Z ="即为高程值。使用该命令之前,图中必须有高程点或等高线。

10)"地表剖面"命令

功能:根据高程点或等高线,生成指定地段的地表剖面图。

菜单:"地形"→"地表剖面"。

命令行:DXSECT。

运行命令后,命令行有如下显示(图2.7所示数据以下列命令行数据为准):

指定起点或[选曲线(O)]:用户输入剖面的起点。选"O",则选择曲线剖面路径。

指定终点: 用户输入剖面的终点。

输入步长: 10,用户输入每一步的长度。

沿 Z 方向放大倍数: 5,用户输入高程的放大倍数。

插入点: 用户输入剖面图左下角的插入点。

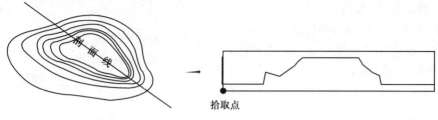

图2.7 地表剖面

11）三维模型

（1）"光滑显示"命令

功能：修改 LZXXGDIXIN 实体，是否采用光滑显示。

菜单："地形"→"三维模型"→"光滑显示"。

命令行：ChgLzxdxNurbs。

运行命令后，命令行有如下显示：

  选择三角网模型（LZXXGDIXIN 实体）：用户选择三角网模型。

  选择是否按光滑曲面显示［否（0）/是（1）］<1>：选"0"，则不按圆滑面显示。选"1"，则按圆滑面显示。

（2）"分色显示"命令

功能：修改 LZXXGDIXIN 实体，是否按高程分色显示。

菜单："地形"→"三维模型"→"分色显示"。

命令行：ChgLzxdxColor。

运行命令后，命令行有如下显示：

  选择三角网模型（LZXXGDIXIN 实体）：用户选择三角网模型实体。

  选择是否按高程分色显示［否（0）/是（1）］<1>：输入 0 或 1。

（3）"立面蒙皮"命令

功能：选择颜色对三角网模型进行立面贴图。

菜单："地形"→"三维模型"→"立面蒙皮"。

命令行：DixinColorMat。

运行命令后，命令行有如下显示：

  选择三角网模型（LZXXGDIXIN 实体）：用户选择三角网模型。

出现保存对话框，用户输入图像文件名。

接着出现贴图颜色设置窗口，如图 2.8 所示。

用户设置好颜色后，单击"确定"按钮，软件使用贴图颜色自动生成图像文件，并保存为刚输入的图像文件名。软件再将图像文件对三角网模型进行立面贴图。

图2.8 按高程设置贴图颜色

(4)"修改材质"命令

功能:修改三角网模型的材质。

菜单:"地形"→"三维模型"→"修改材质"。

命令行:ChgLzxDxMat。

图2.9 地形材质修改

运行该命令后,出现如图2.9所示的对话框。

用户选择新的材质,单击"确定"按钮。

注意:需要使用"材质"命令先设置好材质。

(5)"删除三角"命令

功能:从三角网模型中删除三角形。

菜单:"地形"→"三维模型"→"删除三角"。

命令行:DelLongTriangle。

运行命令后,命令行有如下显示:

选择三角网模型(LZXXGDIXIN 实体):用户选择三角网模型。

输入位置点:用户在需要删除的三角形中点取一点。软件自动找到三角形,并将其删除。

(6)"转高程点"命令

功能:把三角网模型转换为高程点。

菜单:"地形"→"三维模型"→"转高程点"。

命令行:DixinOutLsd。

运行命令后,命令行有如下显示:

选择三角网模型(LZXXGDIXIN 实体):用户选择三角网模型。

(7)"方格模型"命令

功能:绘制方格网地表模型。

菜单:"地形"→"三维模型"→"方格模型"。

命令行:CreateGridDx。

运行命令后,命令行有如下显示:

输入左上角点:用户输入方形区域的左上角点。

输入右下角点:用户输入方形区域的右下角点。

输入网格间距<20.00>:用户输入网格的边长。

沿 Z 方向缩放倍数<1.00>:用户输入高程的放大倍数。

注意:使用该命令之前,图中必须存在高程点或等高线,并且方形网格必须在高程点或等高线存在区域之内。

Z 方向的缩放倍数,是指高程的放大倍数,有时因为地形比较平坦,如果按 1.0 倍数,则看不出效果,因此可以放大 5 倍,地形的起伏会变得较为明显。

使用该命令生成后的网格,可通过"轴侧观察"命令改变视点,观察其起伏变化。网格可以送到 3dMax 中进行着色处理。

网格数值必须在 0 和 255 之间。

(8)"改纵向比例"命令

功能:修改地表模型的 Z 方向缩放倍数。

菜单:"地形"→"三维模型"→"改纵向比例"。

命令行:ChgDX3DScale。

运行命令后,命令行有如下显示:

　　选择三维模型网格:用户选择三角网模型或方格网模型。

　　选择三维模型网格:继续选择多个,选完后按回车键。

　　输入纵向缩放比例<1.00>:用户输入 Z 方向缩放倍数。

(9)"匹配建筑"命令

功能:修改建筑标高使其与地形高程匹配。

菜单:"地形"→"三维模型"→"匹配建筑"。

命令行:ChgBudElebyDx。

说明:该命令从三角网模型中获取该建筑物当前位置的标高值,然后修改此建筑物的原标高值为新标高值。

　　选择建筑对象:用户选择需要修改标高的建筑对象。

　　选择三角网模型(LZXXGDIXIN 实体):用户选择三角网模型。

12)"地表分析"命令

(1)"三角剖分"命令

功能:根据高程点,生成最小三角形,建立 DELAUNAY 三角网模型。

菜单:"地形"→"地表分析"→"三角剖分"。

命令行:DELAUNAY。

运行命令后,命令行有如下显示:

　　选择生成方式[通过边界线及高程点(0)/通过图中所有高程点(1)/通过数据文件 (2)]<1>:用户选择生成三角形的方式

　　选0,则通过当前图中所有高程点及边界线范围,在边界线内生成三角形。

　　选1,则通过当前图中所有高程点,生成全部的三角形。

　　选2,则通过高程点数据文件,生成全部的三角形。

(2)"等高线图"命令

功能:根据三角网模型,自动生成等高线。

菜单:"地形"→"地表分析"→"等高线图"。

命令行:MAKEDGX。

运行命令后,命令行有如下显示:

　　选择[绘全部等高线(0)/绘特殊等高线(1)/设置线条类型(2)]<0>:用户选择绘制等高线的方式。

　　选0,则绘制全部的等高线。

　　选1,则绘制用户指定高程的等高线,一般用于查询洪水位高程的等高线位置。

　　选2,则设置等高线的线条类型,支持直线和多段线。

(3)"坡度分析"命令

功能:根据三角网,生成坡度分析图。

命令:"地形"→"地表分析"→"坡度分析"。

命令行:DIXINPODU。

运行命令后,出现如图2.10所示的对话框。

图2.10　设置坡度颜色

注意:

①软件提供了"三角网法"和"方格网法"两种生成坡度分析图的方法:

三角网法:按照最小三角形来生成坡度分析图。

方格网法:按照最小方格网来生成坡度分析图,用户需要输入网格间距。

②用户可以对最小坡度和最大坡度的范围、颜色进行设定。可以保存设置好的表格,下次可以通过单击"载入"按钮载入。

③如果需要改颜色,应先选择要修改颜色的行,然后单击"改颜色"按钮。

④图2.11以表格行数:10;三角网法生成的坡度分析图。

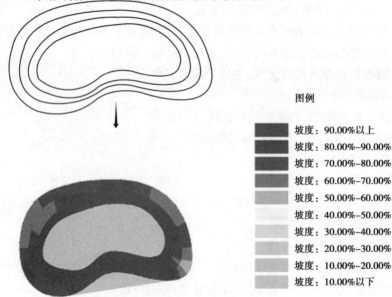

图2.11　坡度分析图

（4）"高程分析"命令

功能：根据高程点，生成高程分析图。

菜单："地形"→"地表分析"→"高程分析"。

命令行：DXHIGHTFX。

运行命令后，出现如图2.12所示的对话框。

图2.12　设置高程颜色

注意：

①软件提供了生成"填充实体"或"三维面"两种方式：

填充实体：表示该命令运行结果生成填充实体。

三维面：表示该命令运行结果生成三维面，可在三维状态下真实显示。

②用户可以对最小高程和最大高程的范围、颜色进行设定。可以保存设置好的表格，下次可以通过单击"载入"按钮载入。

③如果需要改颜色，应先选择要修改颜色的行，然后单击"改颜色"按钮。

④图2.13以表格行数：10；填充实体生成的高程分析图。

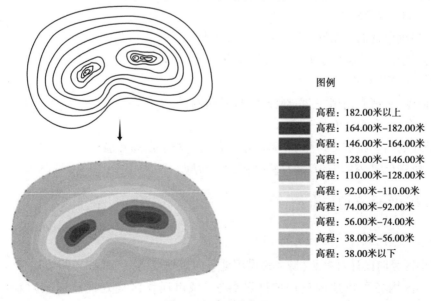

图例

高程：182.00米以上

高程：164.00米–182.00米

高程：146.00米–164.00米

高程：128.00米–146.00米

高程：110.00米–128.00米

高程：92.00米–110.00米

高程：74.00米–92.00米

高程：56.00米–74.00米

高程：38.00米–56.00米

高程：38.00米以下

图2.13　高程分析图

（5）"坡向图"命令

功能：根据等高线、高程点生成场地坡向。

菜单："地形"→"地表分析"→"坡向图"。

命令行：DXPODUDIR。

运行命令后，命令行有如下显示：

选择坡向图绘制方式[颜色填充(0)/箭头(1)]<0>：用户选择分析方式

选择0，系统以三角网方式按不同坡度方向以不同颜色填充生成坡向图。

选择1，系统以三角网方式按不同坡度方向以箭头来表示坡向图。

图2.14选择[箭头(1)]进行坡向分析。

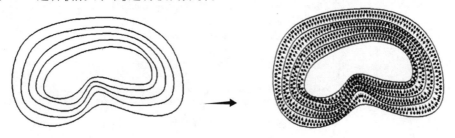

图2.14 坡向分析

（6）"坡度标注"命令

功能：根据三角网，生成场地坡度标注文字。

菜单："标注"→"坡度标注"。

命令行：DIMPODU。

运行命令前，请先使用"三角剖分"生成三角网。

运行命令后，命令行有如下显示：

选择三角网：用户选择需生成坡度标注文字的三角网。

（7）"计算土方"命令

功能：根据所选的三角网，计算其表面积及体积。

菜单："地形"→"地表分析"→"计算土方"。

命令行：DIXINVOL。

运行命令前，请先使用"三角剖分"生成三角网。

运行命令后，命令行有如下显示：

输入基准平面定义高程<0.00>：用户输入基准平面高程值。

选择三角网：用户选择需计算体积的三角网。

▶ **2.2.2 案例之地形介绍**

1）地形及竖向设计需参照规范介绍

居住小区竖向设计可参照《城乡建设用地竖向规划规范》（CJJ 83—2016）。

居住小区内各种场地的适用坡度可参照《城市居住区规划设计标准》（GB 50180—2018）。

2)三角模型

(1)命令简介

功能:绘制三角网地表模型。

菜单:"地形"→"三维模型"→"三角模型"。

命令行:CreateLzxDx。

命令行有如下显示:

选择[普通贴图(0)/颜色随高程不同(1)]<1>:用户选择贴图方式。

普通贴图:使用普通贴图方式。

颜色随高程不同:随着高程不同,使用的颜色也不同。例如:高程低的显示水面颜色,高程中的显示绿色,高程高的显示黄色或红色。

输入沿 Z 方向缩放倍数<5.00>:用户输入 Z 方向缩放比例。

生成的结果为"LZXXGDIXIN"自定义的地表模型实体。

注:使用该命令之前,图中必须有高程点或等高线。

(2)实际操作示范

步骤1:打开文件。打开"山-高程点"的 dwg 文件,放大如图 2.15 所示。

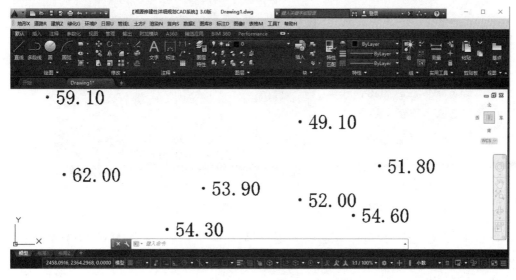

图 2.15 高程点

步骤2:生成三角模型。单击"地形"→"三维模型"→"三角模型",命令栏出现如下对话框:

选择[普通贴图(0)/颜色随高程不同(1)]<1>:1

输入沿 Z 方向缩放倍数<5.00>:

请用"轴侧观察(VIEW3D)"命令调整三维观察角度。

按照上述方法设置完成后,在命令栏输入"E",框选所有高程点后,按回车键,删除所有高程点,放大后如图 2.16 所示。

步骤3:改变观察角度。单击"渲染"→"轴侧观察",出现如图 2.17 所示的窗口。按顺序单击"透视""无框"和"动态观察"按钮,出现如图 2.18 所示的三维模型。

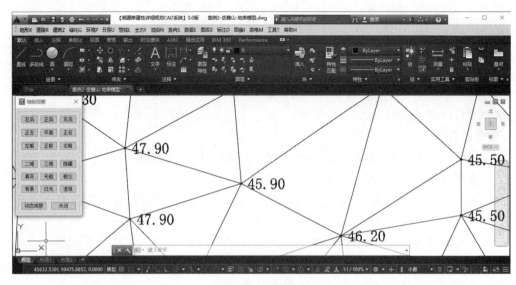

图 2.16　三角模型

图 2.17　轴侧观察

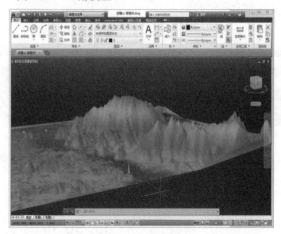

图 2.18　三维模型

步骤 4：更改贴图。用鼠标右键单击"退出"后在命令栏输入命令：MATERIALMAP：

选择选项［长方体（B）/平面（P）/球面（S）/柱面（C）/复制贴图至（Y）/重置贴图（R）］
<长方体>：c

选择面或对象：找到 1 个

选择面或对象：

接受贴图或［移动（M）/旋转（R）/重置（T）/切换贴图模式（W）］：

选择柱面（C）后，结果如图 2.19 所示。拖动 Z 方向的箭头可调整贴图的位置，调整好贴图位置后，按回车键默认"接受贴图"。

步骤 5：保存文件。完成以上步骤后，单击"保存"。

3）建筑匹配

（1）命令简介

可参照 2.2.1 中"11）三维模型"下的"（9）'匹配建筑'命令"。

图 2.19　贴图

（2）实际操作示范

步骤 1：分别打开"名邸地形""名邸例子"的 dwg 文件。

步骤 2：选中"名邸例子"中的所有内容，复制到"名邸地形"文件内，如图 2.20 所示（此视图模式为"二维""平面"模式）。

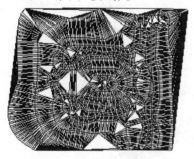 

图 2.20　平面二维视图

步骤 3：在命令行输入"M"，选中"书院名邸例子"后单击"确认"按钮，将其覆盖在地形文件上方。

步骤 4：打开图层对话框后，单击"地形"→"三维模型"→"匹配建筑"，将图层对话框（图 2.21）中除"DX-三维模型"图层以外的所有图层关闭（单击对应图层前方的 💡 按钮即可关闭对应图层）。

图 2.21　DX-三维模型

单击操作面板中的三角网模型,成功后,命令栏提示"选择需要匹配的对象",打开图层面板中如图 2.22 所示的图层,同时关闭"DX-三维模型"图层。

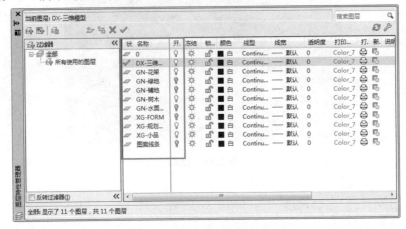

图 2.22　图层特性管理器

框选操作面板中的所有物体后,单击回车。成功后,命令栏提示"选择需要匹配的对象:指定对角点:找到 N 个"。

步骤 5:修改地面材质为草地(此处可参照建筑基本参数的修改)。

步骤 6:改变视图模式为"三维""无框"模式,单击"动态观察",完成匹配后,如图 2.23 所示,保存到指定文件夹,并命名为"建筑匹配.dwg"文件。

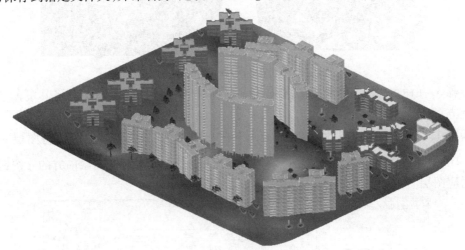

图 2.23　建筑动态观察

4)平面蒙皮

(1)命令简介

功能:选择光栅图像对三角网模型进行平面贴图。

菜单:"地形"→"三维模型"→"平面蒙皮"。

命令行:SetDxCoords。

运行命令后,命令行有如下显示:

选择三角网模型(LZXXGDIXIN实体):用户选择三角网模型。

选择图像:用户选择图像对象(IMAGE)。

软件使用所选图像,对三角网模型进行蒙皮(平面贴图)。

图像对象的坐标必须与三角网模型的坐标校正对齐。

(2)实际操作示范

步骤1:打开"建筑匹配.dwg"文件,改变视图为"二维""平面视图"。

步骤2:单击工具栏"插入"→"光栅图像参照",打开"书院名邸例子-Model"图像,出现如图2.24所示的对话框。

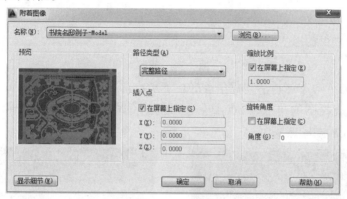

图2.24　附着图像

单击"确定"后,在操作窗口内指定插入点,设定合理比例,如图2.25所示。

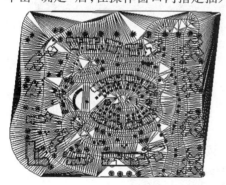

图2.25　平面贴图

步骤3:打开"图层管理器",打开"铺地"图层,如图2.26所示。

关闭"图层管理器",单击工具栏→"图像"→"三点校正",命令栏出现如图2.27所示的提示。

选择需要校正坐标的图像:(点击光栅图像)。

请点取左下角点:(点击光栅图像的左下角点)。

请输入左下角校正坐标值:(鼠标点取"铺地"的左下角点)。

请点取右上角点:(点击光栅图像的右上角点)。

请输入右上角校正坐标值<(2204.77 1646.25 0.00)>:(鼠标点取"铺地"的右上角点)。

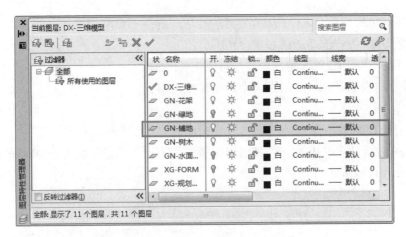

图 2.26　铺地

请点取右下角点:(点击光栅图像的右下角点)。

先点击右边光栅图的角点,再点击左边"铺地"的角点,前后顺序按照图 2.27 中"红""蓝""洋红"的先后顺序选取。

图 2.27　三点校正

完成校对后,若图片无法显示,则需要进行"图像装入"命令,光栅图片才能显示。按照如下步骤进行操作。

单击"图像"→"图像装入"后,选择光栅图形,按回车键,完成后如图 2.28 所示。

图 2.28　图像装入

步骤 4:单击"地形"→"三维模型"→"平面蒙皮",命令栏出现如下对话:

选择三角网模型(LZXXGDIXIN实体):(选择三维模型)

选择图像:(选择光栅图像)

设置成功!

完成后,删除光栅图像,关闭"铺地"图层。

步骤5:改变视图模式为"三维""无框"模式,单击"动态观察",效果如图2.29所示。

图2.29　动态观察效果图

步骤6:观察图2.29,建筑贴图不显示,单击工具栏"建筑"→"建筑参数",取消"线框模式",如图2.30所示,设置完成后单击"确定"。

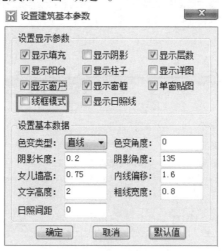

图2.30　设置建筑基本参数

步骤7:保存为"平面蒙皮.dwg"文件。

2.3　道　路

城市道路断面的基本形式有三种,俗称为一块板、两块板和三块板。但是,道路断面形式一般应该根据道路性质、等级,并考虑机动车、非机动车、行人的交通组织以及城市用地等具体条件,因地制宜地确定,不应受这三种基本形式的限制。

一块板是所有的车辆都在同一条车行道上双向行驶;

两块板是由中间一条分隔带将车行道分为单向行驶的两条车行道,机动车与非机动车仍为混合行驶;

三块板有两条分隔带,把车行道分成三部分,中间为机动车道,两旁为非机动车道。

一般来讲,一块板适用于道路红线较窄(40 m 以下)、非机动车不多、设四条车道已经能够满足交通量需求的情况。两块板可以减少对向机动车之间的相互干扰,适用于双向交通量比较均匀而且车速较快的情况。三块板适用于道路红线宽度较大(45 m 以上)、机动车辆较多(≥4 条机动车道)、行车速度快以及非机动车多的主干道。

▶ 2.3.1 命令详解

1)"单线转路"命令

功能:依据所选直线、圆、圆弧或多段线等曲线实体,生成以其为道路中心线的道路。

菜单:"道路"→"单线转路"。

命令行:SETWID。

运行命令后,出现如图 2.31 所示的对话框。

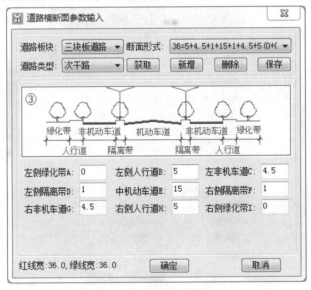

图 2.31 道路横断面参数输入

首先,用户选择道路横断面的板块形式,例如"一块板""二块板""三块板""四块板""五块板"或"六块板"。然后单击断面形式的下拉列表框,从中选取符合要求的道路横断面参数,也可直接修改各参数。最后单击"确定"按钮,选择需转为道路中线的曲线实体,即可生成道路。

如图 2.31 所示,该命令生成的道路中线包含了道路横断面形式参数,因此,用户不能随意修改或删除道路中心线。标注道路宽度、生成横断面图及控制指标计算面积等命令,都会涉及道路中心线参数。生成的道路红线、道路侧石线和道路中心线为多段线实体。如果不能对道路侧石线、道路红线进行圆角处理,则可执行"EXPLODE"命令后再进行倒角处理。在对话框中,用户可以自由添加道路横断面形式入库。按鼠标右键,出现下拉菜单,选择"添加当前形式入库"命令,把当前已修改的横断面形式参数添加到库中,以备日后调用。生成的道路并没有处理交叉口,需使用"交叉处理"命令进行处理。添加道路绿化带需使用"道路绿带"命令。

注意:

①绘制路网时,最好先确定道路中心线的位置再进行线转道路。

②线转道路只支持多义线,如果中心线由 LINE 和 ARC 组成,可以先用"Pedit"组合成多义线再转换。

③绘制道路时线转道路的中心线尽量避免顶点过多。

④道路和道路交叉的圆角处尽量避免顶点过多。

⑤当绘制环形路口时,先用 PL 命令绘制圆,再绘制出口。

⑥当绘制 T 字形路口时,T 字形道路中心线的顶点应该在另一道路的中心线上。

2)"重新生成"命令

功能:把删除了道路侧石线、道路红线,只剩下道路中心线的道路,重新生成道路侧石线、道路红线。

菜单:"道路"→"重新生成"。

命令行:RDOFST。

运行命令后,命令行有如下提示:

　　选择原有道路中线:用户选择已删除道路红线和侧石线的道路中心线。

选择对象必须是道路中心线,由于道路中心线上已包含道路横断面形式等参数,因此,用户无须再次输入参数。

具有道路红线和侧石线的道路,不可用此命令,再次生成道路会产生重复线。

3)"交叉处理"命令

功能:用"单线转路"命令生成的道路,并没有处理交叉口,该命令把当前图形中所有交叉口进行自动圆角处理。

菜单:"道路"→"交叉处理"。

命令行:RDBK。

运行命令后,程序自动寻找当前图形中所有的交叉口,并自动对每一个交叉口进行圆角处理。效果如图 2.32 所示。

注意:

①当道路交叉口处理完后,不可再次使用该命令,否则,会产生很多重复线,并破坏原有交叉口的数据。对于少数几个交叉口,可以使用"单交叉口"命令。

②用户可使用"弯道设置"命令设置交叉口转弯半径参数。

③道路中心线包含了道路横断面形式等很多参数,用户最好不要修改它,但对道路侧石线、道路红线、道路绿线等,用户可以作适当修改。

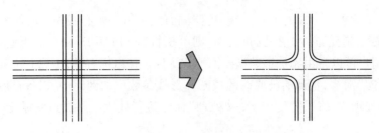

图2.32 交叉口圆角处理

④用以上命令生成的道路全部为多段线,如果出现"圆角"命令操作失败现象,则可用"EXPLODE"命令炸开多段线,然后再使用"圆角"命令操作,不会影响之后程序的执行,但尽量不要炸开。

⑤对于程序未能处理好的交叉口,建议使用"VV"命令作人工圆角修补("VV"命令为本软件提供的一个新的圆角命令)。用户可以先使用"VV"命令进行圆角处理,如果不行,则先炸开,再使用"VV"命令。

⑥如需对道路侧石线加粗,则可先用"FT"过滤命令,选择全部侧石线,再用"改曲线宽"命令,输入宽度,用"P"选择上次选择的实体,再按回车键。

4)"单交叉口"命令

功能:对单个的道路交叉口进行圆角处理。

菜单:"道路"→"单交叉口"。

命令行:RDBKMEN。

运行命令后,命令行有如下提示:

输入交叉点:用户点取道路交叉口的交点。

当图中所有道路交叉口都已处理完成后,又增加了新的道路,需要对少数几个交叉口进行处理时,使用该命令,不可再次使用"交叉处理"命令。

用户可使用"弯道设置"命令设置交叉口转弯半径参数。

道路中心线包含了道路横断面形式等很多参数,用户最好不修改它,但对道路侧石线、道路红线、道路绿线等,用户可以作适当修改。

建议使用"VV"命令对未处理完善的交叉口进行圆角处理,用户可以先使用"VV"命令进行圆角处理,如果不行,则先"炸开",再使用"VV"命令。效果如图2.33所示。

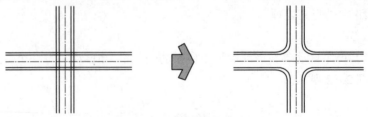

图2.33 交叉口炸开处理

5)"弯道圆角"命令

功能:对直线、圆弧、多段线进行圆角处理。

菜单:"道路"→"弯道圆角"。

命令行:QFILLET。

运行命令后,命令行有如下提示:

输入圆角半径或[获取半径(G)]:用户输入圆角半径值,或输入G。

选择第一线段:用户选择进行圆角处理的第一线段。

选择第二线段:用户选择进行圆角处理的第二线段。

获取半径:从图中选择圆弧,程序自动获取半径值。

该命令可用于道路圆角处理。程序未能处理好的交叉口,可使用本命令修补。

6)"删除道路"命令

功能:删除所选道路的道路侧石线和道路红线。

菜单:"道路"→"删除道路"。

命令行:HANJIE。

运行命令后,命令行有如下提示:

选择道路线:用户选择需删除的道路线(可以是道路中心线、道路侧石线或道路红线)。

所选道路被删除后,只留下了道路中心线,与该道路相交的其他道路会留下断口,此时需使用"断口焊接"命令进行焊接。

该命令主要用于道路修改,例如道路移位、修改道路宽度等。

7)"断口焊接"命令

功能:使用"删除道路"命令将指定道路删除后,与其相交的其他道路会留下断口,使用"断口焊接"命令对断口进行焊接。

菜单:"道路"→"断口焊接"。

命令行:RDLINK。

运行命令后,命令行有如下提示:

选择道路断口处需连接的多段线:用户开"C"窗选择断口处的道路红线和道路侧石线,程序自动把道路红线与道路红线焊接好,道路侧石线与道路侧石线焊接好。

注意:开窗选择道路红线和侧石线时,窗口不能太大,以免错误选取其他实体。

8)"单横断面"命令

功能:用户直接输入横断面参数值,生成道路横断面图。

菜单:"道路"→"单横断面"。

命令行:RDSECT。

说明:运行命令后,出现如图2.31所示的对话框。

首先,用户选择道路板块形式,例如"一块板""二块板""三块板""四块板""五块板"或"六块板",然后单击"断面形式"下拉框,从中选择适合自己的道路横断面参数,如果没有需要的形式,可自行输入绿化带、人行道、慢车道、隔离带、快车道等宽度参数,然后单击"确定"按钮。

输入断面符号(A):用户输入断面符号。

请输入位置点:用户输入插点位置点。

在对话框中,用户可以自由添加道路横断面形式入库,即通过单击鼠标右键,出现下拉菜单,选择"添加当前形式入库"命令,把当前已修改的横断面形式参数添加到库中,以备日后调用。

9)"圆角方角"命令

功能:把图中的道路弯道在圆角与方角之间互相转换。

菜单:"道路"→"圆角方角"。

命令行:CVTRP。

运行命令后,命令行有如下提示:

选择[圆角转方角(0)/方角转圆角(1)]:用户选择圆角、方角形式,选"0",则把图中所有弯道圆弧转换为直线方角,选"1",则把方角转为圆角。

说明:使有用该命令的必备条件是,道路必须使用本软件绘制。

10)"喇叭拓宽"命令

功能:把道路右转弯车道拓宽一定距离,如拓宽3.5 m。

菜单:"道路"→"喇叭拓宽"。

命令行:TUOKUAN。

运行命令后,命令行有如下提示:

选择[参数设置(0)/自动(1)/人工(2)]:

选择交叉口圆弧:用户选择需要右转弯车道拓宽的圆弧实体(包括道路红线圆弧和道路侧石线圆弧),程序自动完成拓宽。

说明:如果需要拓宽整个道路交叉口,用户可直接开窗选取该交叉口所有的弯道圆弧。效果如图2.34所示。

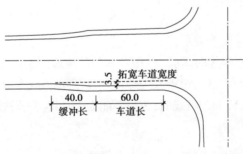

图2.34 喇叭拓宽

①参数设置:用户设置拓宽的相应参数。

②自动:程序自动进行拓宽。

③人工:通过人工选择拓宽的边线,输入拓宽的距离,从而实现两边不同宽度的拓宽。

说明:本命令运行条件是道路必须使用本软件生成。

缺省拓宽参数是:缓冲长40 m,车道长60 m,圆弧半径不变。

11)"港湾停车"命令

功能:生成港湾式停靠站。

命令行:GWPark。

运行命令后,命令行有如下提示:

选择道路红线或[设置参数(S)]:用户选择道路红线,如果选"S"则提示输入港湾停靠站的各项参数,例如站台宽度、拓宽车道宽度、进站缓长、站台长、出站缓长。

选择侧石线:用户选择道路侧石线。

输入起点:用户输入停靠站的起点。

说明:由于停靠站是有左右及方向之别的,因此,用户一定要注意先选道路红线,再选道路侧石线。效果如图 2.35 所示。

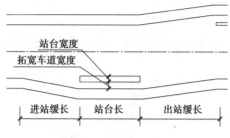

图 2.35　港湾停车

说明:本命令运行条件是,道路线必须用本软件生成。

12)"转铁路线"命令

功能:把直线、圆弧、多段线等曲线实体转为铁路线。

菜单:"道路"→"道路工具"→"转铁路线"。

命令行:MKTLX。

运行命令后,命令行有如下提示:

选择直线、圆弧或多段线:用户选择需转为铁路线的曲线实体,例如直线、圆弧、多段线、椭圆线、spline 线等。

说明:铁路线的宽度及线型比例来自"参数设置"命令中的图纸比例。效果如图 2.36 所示。

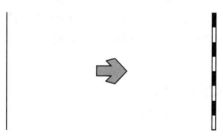

图 2.36　转铁路线

13)"绘断面线"命令

功能:绘制道路等断口的断面线。

菜单:"道路"→"道路工具"→"绘断面线"。

命令行:SECTLINE。

运行命令后,命令行有如下提示:

第一点:用户输入断面线的第一点。

第二点:用户输入断面线的第二点。

说明:程序根据两个点,自动绘制断面线。

14)"圆弧切线"命令

功能:根据圆弧的起点和终点,生成该两点的相交叉的切线。

菜单:"道路"→"道路工具"→"圆弧切线"。

命令行:MKARCTANG。

运行命令后,命令行有如下提示:

选择圆弧[全部道路中线]:用户选择需生成切线的圆弧。回车为全部道路圆弧。

使用该命令可生成所有道路中线的圆弧段的相交切线,用于标注转折点的坐标,如图2.37所示。

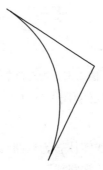

图2.37　圆弧切线

15)"全转PL线"命令

功能:把道路全部转为PLINE线。

菜单:"道路"→"道路工具"→"全转PL线"。

命令行:AllRdToPl。

说明:用"单线转路"所绘制的道路全部为PLINE线,"交叉处理"和"单交叉口"命令也只认PLINE线,当用户把道路炸碎成直线、圆弧时,"交叉处理"和"单交叉口"命令将会处理失败,因此,需要使用本命令,把直线、圆弧重新转变为PLINE线。

16)"改路类型"命令

功能:修改已经绘制生成道路的类型。

菜单:"道路"→"道路工具"→"改路类型"。

命令行:SetRoadType。

运行命令后,命令行有如下提示:

选择需要修改的道路中线。

说明:选择好道路中线后按回车键会出现如快速路、主干路、次干路、支路、其他道路、高速公路、一级公路、二级公路、三级公路、"多种"新的道路类型选择。

17)"道路填充"命令

功能:对已经绘制的道路进行填充。

菜单:"道路"→"道路工具"→"道路填充"。

命令行:HATCHROAD。

运行命令后,命令行有如下提示:

选择填充方式[道路全路幅(0)/车行道(1)/人行道(2)]<0>:0

选择道路线[回车全选]:

说明:道路线一般为道路红线,即道路的最外侧两根线。

18)"道路检查"命令

功能:对已经绘制的道路进行交叉和属性检查。

菜单:"道路"→"道路工具"→"道路检查"。

命令行:CheckRoadInt。

运行命令后,命令行有如下提示:

选择[交叉检查(0)/属性检查(1)]<1>:1

说明:运行后,命令行会出现无误说明,如没有错误命令行则显示"没有发现问题"。

19)"所有半径"命令

功能:标注所有道路实体的半径。

菜单:"道路"→"道路标注"→"所有半径"。

命令行:RDACR。

20)"所有路宽"命令

功能:标注所有道路实体的宽度。

菜单:"道路"→"道路标注"→"所有路宽"。

命令行:RDWID。

运行命令后,命令行有如下提示:

选择[标总宽度(0)/标注车道宽(1)/详细标注(2)/精度设置(2)]<0>:

21)"所有坐标"命令

功能:标注所有道路交叉口的坐标。

菜单:"道路"→"道路标注"→"所有坐标"。

命令行:RDZB。

运行命令后,命令行有如下提示:

选择[设置精度(0)/固定角度标注(1)/自动标注(2)]<2>:

说明:设置精度为设置 X、Y 坐标的小数点后位数,固定角度标注为设置标注线角度。

22)"所有标高"命令

功能:标注所有道路交叉口的坐标。

菜单:"道路"→"道路标注"→"所有标高"。

命令行:DIMALLBG。

运行命令后,命令行有如下提示:

选择依据[现状标高(0)/设计标高(1)]<1>:

输入标高小数点后位数<2>:

说明:如需标注现状标高,请先生成高程点或等高线;如需标注设计标高,请先输入设计标高或设计等高线。

23)"所有坡度"命令

功能:标注所有道路的坡度。

菜单:"道路"→"道路标注"→"所有坡度"。

命令行:ALLRDPODU。

运行命令后,命令行有如下提示:

　　选择标注方式[单行无前缀(0)/双行无前缀(1)单行加前缀(2)/双行加前缀(3)]

　　<3>:

　　输入坡度小数点后位数<2>:

说明:如需进行坡度标注,需要事先设置道路交叉口的高程信息。

24)"道路名称"命令

功能:标注道路名称。

菜单:"道路"→"道路信息"→"道路名称"。

命令行:ROADNM。

说明:选择道路中线,点取标注位置,然后输入道路名称字符串。

25)"信息线"命令

功能:道路对象的信息设置。

菜单:"道路"→"道路信息"→"信息线"。

命令行:SETRDLENGTH。

运行命令后,命令行有如下提示:

　　输入起点:

　　按次序选择道路中线:

　　输入终点:

说明:确定终点后,会弹出道路信息设置对话框,道路名称、红线宽度、绿线宽度、道路类型、走向、道路长度、起讫点、横断面信息均有显示。对应道路线段的道路中心线上会增加绿色信息实线,该线即为信息线。如需修改信息线信息,则利用"信息设置"和"起讫更新"命令进行修改。

26)"道路总表"命令

功能:计算所选范围内路网密度。

菜单:"道路"→"道路信息"→"道路总表"。

命令行:RDUTGRID。

说明:选择道路信息线后,会弹出所选道路的信息表格,包含信息线的所有信息,可以导出为 Excel 表格或以表格形式插入图中。

27)"路网密度"命令

功能:计算所选范围内路网密度。

菜单:"道路"→"道路信息"→"路网密度"。

命令行:ROADMIDU。

运行命令后,命令行有如下提示:

　　选择道路中心线或道路信息线:

　　选择闭合边界线:

　　输入用地面积:

　　选择[图中绘制(0)／文件输出(1)]<0>:

说明:计算路网密度需先明确计算范围,即对应的闭合边界线和面积。

▶ **2.3.2　案例之居住区道路的绘制**

1)绘制小区外部道路

(1)单线转路

根据小区用地规划,明确道路中心线位置,并采用直线、多段线等命令绘制道路中心线。根据外部道路的实际或者设计等级,选择"道路"→"单线转路",选择对应的道路横断面参数,绘制小区不同等级的外部道路(图2.38)。

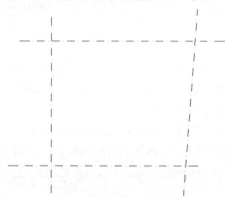
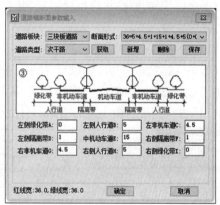

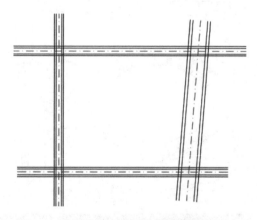

图2.38　小区外部道路绘制

(2)交叉口处理

选择"道路"→"交叉口处理"对小区外部道路自动完成交叉口处理。如果对道路转弯半径需要进行调整,选择"工具"→"绘图参数"→"弯道设置"进行调整转弯半径、交叉口、交叉口角度的影响参数(图2.39)。

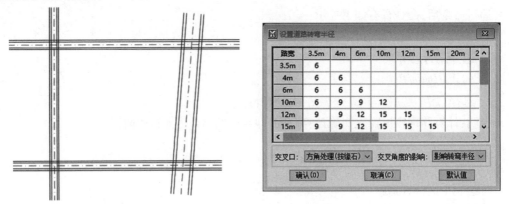

图2.39　交叉口处理及弯道设置

2)绘制小区内部道路

(1)绘制建筑

根据小区规划,明确建筑布局形式,并在小区红线范围内选择"建筑"→"绘制建筑"完成小区内建筑绘制。

(2)自由小路

根据小区建筑布局和道路设计,绘制小区内部主要道路,选择"环境"→"绘制小路"→"自由小路"。绘制自由小路前,可选择直线、多段线、曲线绘制自由小路中心线(图2.40),再通过"选物(1)"方式完成自由小路的绘制。自由小路绘制效果如图2.41所示。

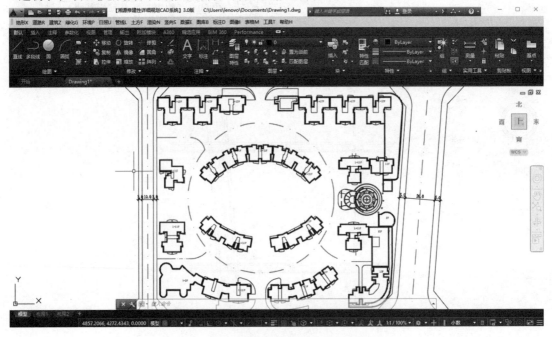

图2.40　自由小路道路中心线绘制

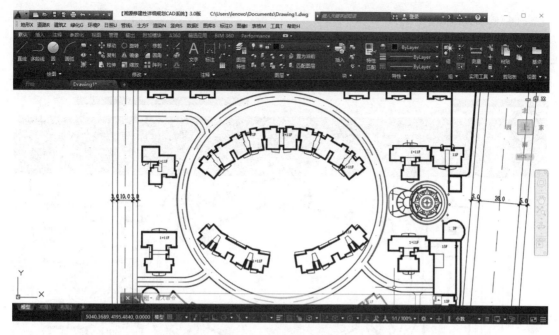

图 2.41 自由小路绘制

（3）宅前小路

在自由小路的基础上，绘制通往建筑的宅前小路。选择"环境"→"绘制小路"→"宅前小路"。绘制多个建筑的宅前小路时，可选择直线、多段线、曲线绘制宅前小路中心线，再由远及近绘制宅前小路(图2.42)。

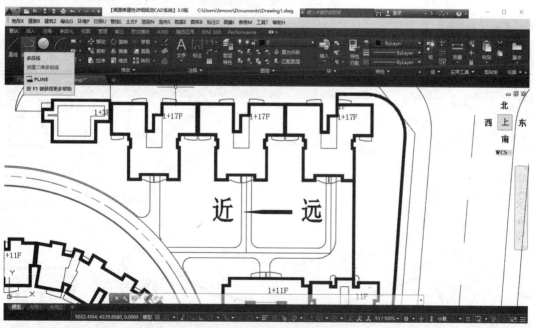

图 2.42 宅前小路绘制

(4)碎石路

小区主要景观位置,可设计碎石路。选择"环境"→"绘制小路"→"碎石路"。绘制碎石路前,选择直线、多段线、曲线绘制碎石路中心线,再通过"选物(1)"方式完成碎石路的绘制。碎石路绘制如图2.43、图2.44所示。

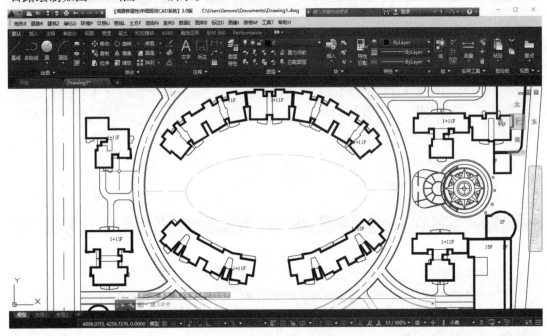

图2.43　碎石路中心线绘制

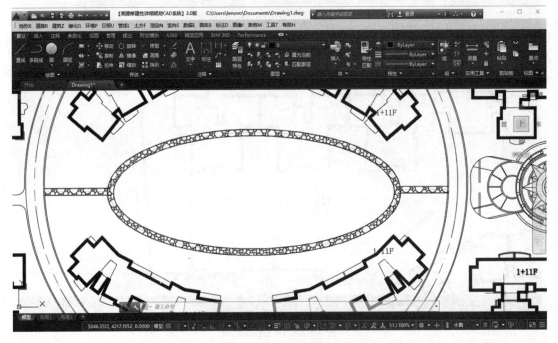

图2.44　碎石路绘制

(5)图库管理(图2.45)

　　小区主要景观位置,可设置景观小品和植物,如凉亭、假山、树木。选择"图库"→"图库管理"。可根据实际需求添加三维小品、绿化图库。

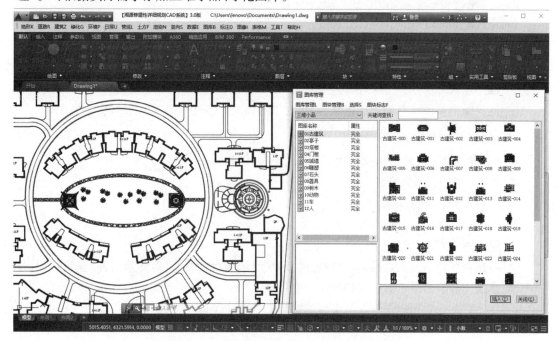

图2.45　图库管理

2.4　建　筑

▶　2.4.1　命令详解

1)建筑内庭

功能:在已有的建筑物内添加建筑内部庭院。

菜单:"建筑"→"建筑内庭"。

命令行:X_AddInnerLn。

运行命令后,命令行有如下显示:

选择[点选(0)/选物(1)/绘边(2)]<2>:

点选(0):用户在闭合区域内输入一点,程序自动搜寻边界线,作为建筑内部庭院的轮廓线。

选物(1):用户选择多段线,作为建筑内部庭院的轮廓线。

描边(2):用户直接输入建筑内部庭院的轮廓点。

选择建筑对象:用户选择需要添加内部庭院的建筑对象。

2）平面详图

功能：添加建筑平面详图。

菜单：“建筑”→“平面详图”→“添加平面详图”。

命令行：X_AddXTPline。

运行命令后，命令行有如下显示：

选择详图线（多段线）：用户选择需要添加到建筑详图中的多段线。

选择建筑对象：用户选择建筑对象。

注意：只能把多段线对象添加进建筑，作为平面详图。多段线可以包括线条宽度。

3）“属性修改”命令

功能：支持修改平面图中的建筑名称、建筑类型、层数标注样式等。

菜单：“建筑”→“属性修改”。

命令行：X_ChgBuildParm。

运行命令后，命令行有如下提示：

选择建筑对象[全选（X）]：

说明：选择好建筑对象之后，会出现如图2.46所示的对话框，可对建筑名称、建筑代码、建筑类型、建筑层数等多个参数进行修改。

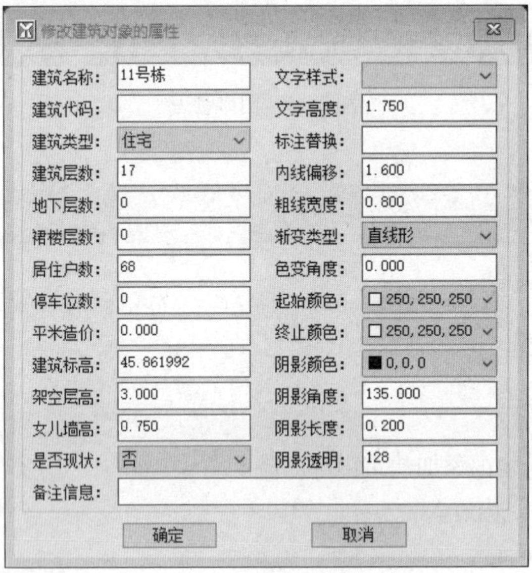

图2.46　属性修改

以建筑层数为例。激活“建筑”→“属性修改”命令后弹出如图2.46所示的对话框，建筑层数修改为17，则原建筑的层数6F会更新为17F，如图2.47所示。

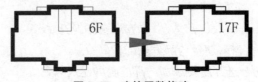

图2.47　建筑层数修改

4)"层高修改"命令

功能:修改建筑层高。

菜单:"建筑"→"层高修改"。

命令行:X_ChgFlrhgts。

运行命令后,命令行有如下提示:

选择建筑对象:

选择好建筑对象之后,会出现如图2.48所示的对话框。

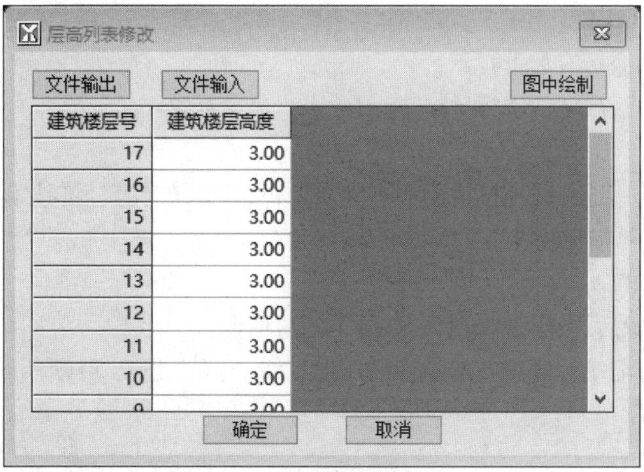

图2.48 层高列表修改

用户输入每层的层高(米)。

文件输出:是指把该列表输出到 Microsoft Excel 文件或 Microsoft Word 文件。

文件输入:是指把 Microsoft Excel 文件或 Microsoft Word 文件中表格内容输入到当前表格。

若修改了表格中的数据,则单击"图中绘制",可把当前表格绘制到当前图中。

5)"材质修改"命令

功能:修改建筑墙体、屋顶、坡顶、屋檐、窗户、阳台材质。

菜单:"建筑"→"材质修改"。

命令行:X_ChgBuildMat。

运行命令后,命令行有如下提示:

选择建筑对象[全选(X)]:

说明:选择好建筑对象之后,会出现如图2.49所示的对话框。

图2.49 修改建筑材质

6)"显示修改"命令

功能:修改建筑对象是否显示填充、层数、阴影、内线、详图、绿线、阳台、三维窗户、平面窗户、柱子、窗框、单窗贴图。

菜单:"建筑"→"显示修改"。

命令行:X_ChgBuildView。

7)指标统计

(1)规范介绍

相关指标需参照《城市居住区规划设计标准》（GB 50180—2018）。

(2)面积统计

功能：自动统计建筑的总建筑基底面积、总建筑面积、阳台建筑面积、屋顶建筑面积、坡顶建筑面积和总户数等指标。

菜单："建筑"→"指标统计"→"面积统计"。

命令行：X_BUDAREA。

运行命令后，命令行有如下提示：

选择建筑对象：用户选择需要统计面积的多个建筑对象。

(3)综合指标

功能：根据所选用地红线范围内的所有建筑实体，计算统计其经济技术指标值。

菜单："建筑"→"指标统计"→"综合指标"。

命令行：X_TJAREA。

选择好建筑对象后，会出现如图2.50所示的对话框。

说明：用户选择需统计经济技术指标的用地红线，出现如图2.50所示的对话框。

项　目	计量单位	数值	所占比重(%)	人均面积(㎡/人)
居住区规划总用地	hm²	10.69	—	—
1、居住区用地(R)	hm²	10.69	100.00	0.00
①住宅用地(R01)	hm²	10.69	100.00	0.00
②公建用地(R02)	hm²	0.00	0.00	0.00
③道路用地(R03)	hm²	0.00	0.00	0.00
④公共绿地(R04)	hm²	0.00	0.00	0.00
2、其他用地	hm²	0.00	—	—
居住户(套)数	户(套)	0	—	—
居住人数	人	0	—	—
户均人口	人/户	3.50	—	—
总建筑面积	万㎡	2.80	—	—
1、居住区用地内建筑总面积	万㎡	2.80	100.00	0.00
①住宅建筑面积	万㎡	2.80	100.00	0.00
②公建面积	万㎡	0.00	0.00	0.00
2、其他建筑面积	万㎡	0.00	—	—

图2.50　综合技术经济指标一览表

表中的数值为自动计算统计的结果，用户可以对该表格中的数值进行修改，然后用"图中绘制"命令，把该表格绘于当前图中。

①插入行：在表格中选择一行，然后单击"插入行"按钮，即可在此行前插入新的一行。

②删除行：在表格中选择一行，然后单击"删除行"按钮，即可把选中的行删除。

③文件输出：把该列表输出到 Microsoft Excel 文件或 Microsoft Word 文件。

④文件输入：把 Microsoft Excel 文件或 Microsoft Word 文件中的表格内容输入当前表格。

⑤图中绘制:把当前表格绘制到当前图中。

注意:范围线必须为闭合的多段线,且多段线不能存在自交叉。

(4)建筑列表

功能:把所选多个建筑物进行列表。

菜单:"建筑"→"指标统计"→"建筑列表"。

命令行:X_BUDLIST。

选择建筑对象:用户选择多个建筑对象。选择完后,出现如图2.51所示的对话框。

序号	建筑名称	建筑类型	总建筑面积(平米)	基[
4		住宅	6805.63	
5		住宅	6805.63	
6		住宅	4578.39	
7		住宅	4578.39	
8		住宅	4578.39	
9		住宅	4578.39	
10		办公	151489.17	
11		住宅	886440.18	
12	总计		1090271.06	

插入记录　删除记录　文件输出　文件输入　图中绘制

确定　　取消

图2.51　建筑情况一览表

①插入记录:在表格中选中一行,然后单击"插入记录"按钮,即可在此行前插入新的一行。

②删除记录:在表格中选中一行,然后单击"删除记录"按钮,即可把选中的行删除。

③文件输出:把该列表输出到 Microsoft Excel 文件或 Microsoft Word 文件。

④文件输入:把 Microsoft Excel 文件或 Microsoft Word 文件中的表格内容输入当前表格。

⑤图中绘制:把当前表格绘制到当前图中。

(5)户数统计

功能:统计建筑总户数。

菜单:"建筑"→"指标统计"→"户数统计"。

命令行:X_HomeStat。

选择建筑对象:用户选择多个建筑对象。选择完后,程序自动统计所选建筑的总户数。

8)建筑工具

(1)界线绘制

功能:绘制各种用地界线,为经济指标统计表提供相关面积数据。

菜单:"建筑"→"建筑工具"→"界线绘制"。

命令行:X_MakeBorderLn。

运行命令后,命令行有如下显示:

选择界线类型[总用地(0)/公建用地(1)/道路用地(2)/公共绿地(3)/其他用地(4)]

<0>:用户选择界线类型。

总用地(0):绘制总用地界线。

公建用地(1):绘制公建用地界线。

道路用地(2):绘制道路用地界线。

公共绿地(3):绘制公共绿地界线。

其他用地(4):绘制其他用地界线。

说明:本命令所绘制的各种界线,主要用于"经济指标"命令里的面积自动计算。经济指标的总用地面积、公建用地面积、道路用地面积、公共绿地面积、其他用地面积分别来自本命令绘制的总用地界线、公建用地界线、道路用地界线、公共绿地界线和其他用地界线。

(2)建筑阴影

功能:通过输入日期、时间,计算获取太阳方位,并修改建筑物阴影。

菜单:"日照"→"建筑阴影"。

命令行:X_ChgBugShdw。

运行命令后,出现如图2.52所示的对话框。

图2.52 太阳方位计算

用户输入日期和时间,然后按下"确定"钮。

选择对象:用户选择需要修改阴影的建筑对象。

注意,本命令包含两步:

①根据输入的日期和时间,计算出太阳的位置,然后修改当前光源为太阳光,并把位置参数赋予太阳光。因此,渲染时,可以看见真实的阳光特性。

②修改建筑对象的二维平面阴影,使其阴影效果跟三维渲染一致。

(3)控规建筑

功能:将湘源控规里的绘建筑命令"绘制建筑"转换为修规识别的实体建筑。

菜单:"建筑"→"建筑工具"→"控规建筑"。

命令行:X_FromKgBuild。

运行命令后,命令行有如下显示:

选择控规建筑对象:用户选择需要转换的建筑,回车后转换完成,系统提示:"转换完成,共计转换了x个对象"!

▶ **2.4.2 案例之住宅建筑单体的绘制**

案例情况介绍:

①规划构思阶段:结合调研数据对整个地块进行构思,参照相关规范进行布局。

②平面图绘制阶段:在CAD或者湘源软件等进行平面图的绘制。

③效果的生成:运用湘源软件进行进一步操作。

1）相关规范介绍

①绘制建筑：相关参数设置可参照《住宅设计规范》（GB 50096—2011）、《民用建筑设计统一标准》（GB 50352—2019）。

②窗户：相关参数设置可参照《住宅设计规范》（GB 50096—2011）5.8 门窗。

③阳台：相关参数设置可参照《住宅设计规范》（GB 50096—2011）5.6 阳台。

④屋顶：相关参数设置可参照《民用建筑设计统一标准》（GB 50352—2019）6.14 屋面。

2）绘制建筑

（1）命令简介

功能：绘制建筑。

菜单："建筑"→"绘建筑"。

命令行：X_ADDBUD。

说明：运行命令后，出现如图 2.53 所示的对话框。

图 2.53　绘建筑

①建筑类型：用户选择所绘建筑的类型，例如住宅、商业、幼托、学校、工厂、宾馆、办公、体育、配套公建等类型。

②填充颜色：输入建筑填充颜色。

③阴影颜色：输入建筑阴影颜色。

④建筑层数：输入建筑的实体层数，不包括架空部分。

⑤建筑标高：输入建筑的标高值（m）。

⑥建筑层高：输入建筑的平均层高（m）。

⑦底层架空：输入底层架空高度（m）。

⑧现状：如果打钩，则绘制现状建筑物，否则为绘制规划建筑。

⑨获取：从图中选择建筑实体，获取其参数，作为当前各种参数。

⑩修改：使用当前参数，修改所选建筑实体。

⑪描边：用户输入建筑物轮廓点，生成建筑。

⑫选物：用户选择多段线，生成以该多段线为建筑轮廓线的建筑实体。

⑬点选：用户在闭合区域内输入一点，程序自动搜寻边界，并以该边界线为建筑轮廓线，生成建筑实体。

注意:建筑实体不能炸开,一旦炸开,将不能统计。

(2)实际操作示范

步骤1:使用"多段线"命令或者在命令栏直接输入"pl"命令,画出如图2.54所示的建筑外围单体形状。

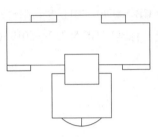

图2.54　建筑外围单体形状

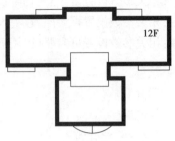

图2.55　建筑层数

步骤2:单击"建筑"→"绘制建筑",建筑层数为"12",建筑层高"2.8",其余保持默认值,再单击 选物 图标,单击图2.55中加粗选取部分,按回车键,得图2.56。

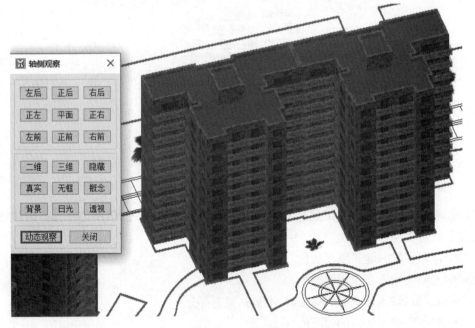

图2.56　三维视图

步骤3:"视图"→"轴侧观察",再单击"无框",单击"动态观察",并旋转画面,得图2.56。

步骤4:单击"二维",对弹出的对话框单击"确定",再单击"平面",恢复到图2.55。

3)窗户

(1)命令简介

功能:添加建筑物的窗户。

菜单:"建筑"→"窗户"→"添加窗户"。

命令行:X_AddWin。

说明:运行命令后,出现如图2.57所示的对话框。

①单个窗:只添加一个窗户。

②上下列窗:程序添加上下一列窗户。

③窗户高度:输入窗户的高度。

④窗户宽度:输入窗户的宽度。

⑤窗台高度:输入窗台的高度。

⑥楼层数:如果添加单个窗户,则应指定添加哪个楼层的窗户。

⑦获取:从图中选择建筑的窗户,获取窗户参数,作为当前参数。

⑧修改:使用当前参数,修改所选窗户。

⑨添加:添加窗户,用户需要选择哪一面墙体(需在三维状态下选择)。

⑩删除:选择需要删除的窗户(需在三维状态下选择)。

注意:本命令应在三维视图状态下使用,不能用于二维视图状态。使用"视图"→"轴侧观察(X_VIEW3D)"命令,可方便进入三维视图状态。如果需要在二维视图状态下添加窗户,则使用"显示平面窗户"命令。

(2)实际操作示范

步骤1:单击"建筑"→"窗户"→"添加窗户",出现如图2.57所示的对话框,并出现如图2.58所示的窗户。图中外围边框的方框处为窗户。

图2.57 添加窗户

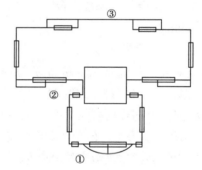

图2.58 窗户

步骤2:修改窗户参数。如图2.59所示,单击 🗔 删除 按钮,删除窗①及对称窗户;单击 🖊 添加 按钮,在②的地方加上宽高同为1.5 m的窗户;单击 🗔 修改 ,将窗③及对称窗户"窗户宽度"设置为3 m,并往左移动至阳台中间。修改后的窗户如图2.60所示。

图2.59 添加窗户

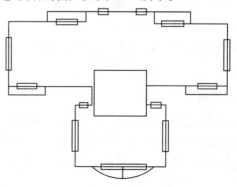

图2.60 添加窗户效果图

步骤3:修改完成后可改变视图模式,切换三维无框动态观察模式,查看立体图,效果如图2.61所示。

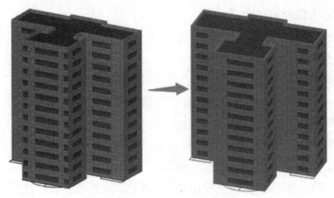

图2.61 立体效果图

4)阳台

(1)命令简介

功能:添加建筑阳台。

菜单:"建筑"→"阳台"→"添加阳台"。

命令行:X_AddBalcon。

运行命令后,命令行有如下显示:

选择建筑对象:用户选择需要添加窗户的建筑物(LZXXGBUILD 对象)。

选择[点选(0)/选物(1)/绘边(2)]<2>:用户输入 0、1、2。

点选(0):用户在闭合区域内输入一点,程序自动搜寻边界线,作为阳台的轮廓线。

选物(1):用户选择多段线,作为阳台的轮廓线。

描边(2):用户直接输入阳台的轮廓点。

输入完成后,程序自动生成上下一列阳台。

本命令在二维状态下操作。

(2)实际操作示范

步骤1:转为二维平面图,单击"建筑"→"阳台"→"添加阳台"。

步骤2:点选建筑对象后,输入"1",即选择"选物",选择[点选(0)/选物(1)/绘边(2)]<2>:1,按回车键,如图2.62所示。

步骤3:改变视图为三维无框动态观察,如图2.63所示。

5)屋顶

(1)添加屋顶

步骤1:单击"建筑"→"屋顶"→"添加屋顶建筑"。

步骤2:选择建筑对象。用户选择需要添加屋顶构筑物。输入屋顶构筑物的高度<2.80>:输入屋顶构筑物的高度2.8。选择[点选(0)/选物(1)/绘边(2)]<2>:选择"1",选择建筑屋顶构筑物的轮廓线。

步骤3:改变视图成三维"无框""动态观察"模式(图 2.64)。

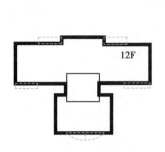

图2.62 添加阳台图　　　图2.63 阳台动态观察图　　　图2.64 添加屋顶建筑

（2）删除屋顶

步骤1：在三维视图下，单击"建筑"→"屋顶"→"删除屋顶建筑"。

步骤2：选择［选择单个屋顶建筑删除(0)/删除全部屋顶建筑(1)］<0>：用户输入0，按回车键，所得效果如图2.65所示。

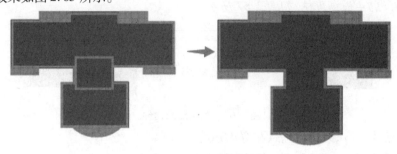

图2.65 删除屋顶建筑

6）建筑构件

（1）绘制三维构建

①命令简介。

功能：绘制三维构件（LZXXGFORM对象）。

菜单："建筑"→"建筑构件"→"绘制构件"。

命令行：X_AddLzxForm。

运行命令后，命令行有如下显示：

　　输入标高<0.00>：用户输入构件的标高。

　　输入高度<12.00>：用户输入构件的高度。

　　选择［点选(0)/选物(1)/绘边(2)］<2>：用户输入0、1、2。

　　点选(0)：通过点选方式获取构件的轮廓线。

　　选物(1)：通过选择闭合多段线的方式，获取构件的轮廓线。

　　绘边(2)：通过描绘定点的方式获取构件的轮廓线。

三维构件一般用于建筑。

②实际操作示范。

步骤1:利用"多段线(pl)"命令,绘制屋顶建筑构件。图2.66中,中间虚线框内绘制的就是屋顶建筑构件。

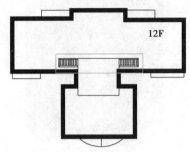

图2.66 绘制屋顶建筑构件

步骤2:"建筑"→"建筑构件"→"绘制构件"。

  输入标高<0.00>:输入构件的标高0。

  输入高度<12.00>:输入构件的高度1.8。

  选择[点选(0)/选物(1)/绘边(2)]<2>:输入0。选择构件上灰色的四个小方块,绘制构件的4根垂直柱,如图2.67所示。

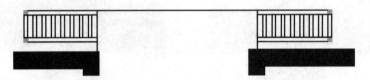

图2.67 绘制三维构件

步骤3:输入标高<0.00>:输入构件的标高1.8。

  输入高度<12.00>:输入三维构件的高度0.2。

  选择[点选(0)/选物(1)/绘边(2)]<2>:输入0。

选择构件上的多个水平梁,如图2.68所示。

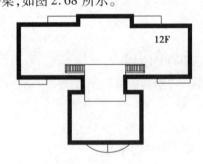

图2.68 绘制三维构件图

(2)添加三维构建

①命令简介。

功能:添加屋顶构件。

菜单:"建筑"→"建筑构件"→"添加顶构"。

命令行:X_AddRoofFace。

运行命令后,命令行有如下显示:

　　选择建筑对象:用户选择需要添加屋顶构件的建筑对象。

　　选择三维构件对象(LZXXGFORM):用户选择三维构件对象。

　　请先用"绘制三维构件"命令,生成三维构件对象,然后用本命令将其添加到建筑屋顶。

　　注意:由于建筑屋顶构件会随建筑物高度的改变而改变,当三维构件添加为建筑屋顶构件后,其标高会自动增加至建筑屋顶标高值。因此,三维构件的基准标高为0。

　　②实际操作示范。

　　步骤4:单击"建筑"→"建筑构件"→"添加顶构"。

　　选择建筑对象:选择需要添加屋顶构件的建筑对象。

　　选择三维构件对象(LZXXGFORM):选择三维构件对象。

　　步骤5:调整视图为"无框""动态观察"模式,所得效果如图2.69所示。

图2.69　三维构件"无框""动态观察"

7)材质修改

(1)功能介绍

　　设置建筑对象的墙面、窗户、阳台、平屋顶、坡屋顶、构件的材质。此处以墙面材质修改为例。

(2)实际操作示范

　　步骤1:"建筑"→"材质修改"→"墙面材质",选择新的材质,如图2.70所示。

　　步骤2:选择建筑对象,转换视图,如图2.71所示。

图2.70　墙面材质修改

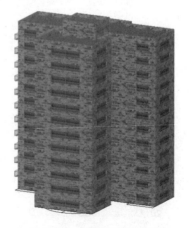

图2.71　墙面材质修改图

8)建筑参数

命令简介

功能:设置建筑对象的基本参数。

菜单:"建筑"→"建筑参数"。

命令行:X_SETBUDPARM。

说明:运行该命令后,出现如图2.72所示的对话框。

图2.72 设置建筑基本参数

设置好各参数后,按下"确定"按钮。

在绘图之前,应使用该命令设置好建筑参数。

注意:图上的"日照间距"是指两建筑之间的距离跟南向建筑高度的比值。

9)建筑属性修改

(1)功能介绍

在建筑绘制完成后,可修改建筑各项参数,简单、方便。

(2)实际操作示范

步骤1:选择建筑后,在命令栏输入"MO"打开属性表,如图2.73所示。

步骤2:可以对建筑参数进行常规的修改。下面将案例建筑的"底层高度"修改为"3",如图2.74所示。

图2.73 特性表图

图2.74 修改底层高度

步骤 3：对案例建筑进行"建筑类型"的修改，操作如图 2.75 所示，此处默认建筑类型为"住宅"。

图 2.75 修改建筑类型

10）建筑小结

学习本小节后，可以将本节中涉及的实例进行复制和合理安放，所得效果如图 2.76 所示。

图 2.76 成果图

2.5 绿 化

▶ **2.5.1 命令详解**

1)绿地

(1)"绘制绿地"命令

功能:用于绘制绿地。

菜单:"绿化"→"绿地"→"绘制绿地"。

命令行:X_AddLzxGreen。

运行命令后,出现如图2.77所示的对话框。

(2)"属性修改"命令

功能:该命令用于修改 LZXXGGREEN 绿地对象的基本属性,可多选批量修改。

菜单:"绿化"→"绿地"→"属性修改"。

命令行:X_ChgGrnData。

运行命令后,命令行有如下显示:

选择绿地对象:

选择好绿地对象之后,会出现如图2.78所示的对话框。

图2.77 绘制绿地

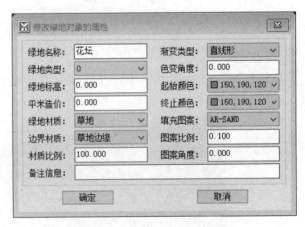

图2.78 修改绿地对象的属性

(3)"绿地面积"命令

功能:提供"点选""选实体"和"描边界"三种方式,计算地块中的防护绿地面积,并写入所选指标块中。

菜单:"绿化"→"绿地"→"绿地面积"。

命令行:X_calgreenarea。

运行命令后,命令行有如下显示:

选择[计算面积(0)/检查重叠(1)]〈0〉：用户输入 0 或 1。

说明:0——只简单计算绿地的面积,不考虑重叠部分面积。1——计算减去重叠面积以后的绿地的真实面积,并显示重叠面积值。

2)水面

(1)"绘制水面"命令

功能:绘制水面(LZXXGWATER)。

菜单:"绿化"→"水面"→"绘制水面"。

命令行:X_AddLzxwater。

运行命令后,命令行有如下显示:

选择[点选(0)/选物(1)/绘边(2)/绘曲边(3)]〈3〉：用户输入 0、1、2 或 3。

(2)"属性修改"命令

功能:修改水面对象的基本属性。

菜单:"绿化"→"水面"→"属性修改"。

命令行:X_ChgWaterData。

运行命令后,命令行有如下显示:

选择水面对象：

选择好绿地对象之后,会出现如图 2.79 所示的对话框。

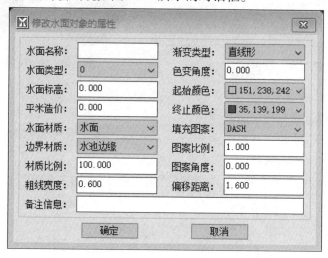

图 2.79　修改水面对象的属性

3)树木

(1)"绘制树木"命令

功能:该命令用于绘制普通树对象。

菜单:"绿化"→"树木"→"绘制树木"。

命令行:X_AddTree。

运行命令后,命令行有如下显示:

输入树的直径<3.00>：

用户输入树的直径后,命令行有如下显示:

输入插入点:

用户也可以手动选取树木直径,选取两点,两点的直线长度就是树木的直径。

用户根据自己的需要选择树木的半径和树木插入点。

(2)"改中心色"命令

功能:该命令用于修改树的渐变填充的中心颜色。

菜单:"绿化"→"树木"→"改中心色"。

命令行:X_ChgTreeColor2。

说明:运行命令后,系统会跳出"选择颜色"窗口命令,如图 2.80 所示。

修改后的效果如图 2.81 所示。

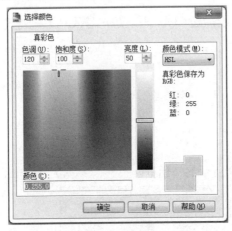

图 2.80　颜色 0,255,0

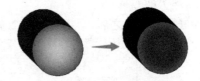

图 2.81　改中心色图

(3)"改阴影色"命令

功能:该命令用于修改树的阴影颜色。

菜单:"绿化"→"树木"→"改阴影色"。

命令行:X_ChgTreeShdwClr。

说明:运行命令后,系统会跳出"选择颜色"窗口命令,如图 2.82 所示。

图 2.82　颜色 0,0,0

修改后的效果如图 2.83 所示。

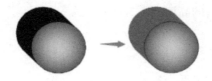

图 2.83　改阴影色图

(4)"改阴影长"命令

功能:该命令用于修改树的阴影长度参数。

$$阴影长度 = 树的高度 × 阴影长度参数$$

菜单:"绿化"→"树木"→"改阴影长"。

命令行:X_ChgTreeSdwLen。

运行命令后,命令行有如下显示:

　　选择树对象:

　　用户选择树对象后,命令行有如下显示:

　　输入阴影长度<0.20>:

　　用户根据自己的需要选择阴影长度参数。

图 2.84 所示是阴影长度参数分别为 0.2 和 0.4 的树木。

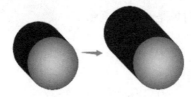

图 2.84　改阴影长图

(5)"改阴影角"命令

功能:该命令用于修改树的阴影角度。用户需输入阴影角度,角度单位为"度",而非"弧度"。

菜单:"绿化"→"树木"→"改阴影角"。

命令行:X_CHGTREESDWANG。

运行命令后,命令行有如下显示:

　　选择树对象:

　　用户选择树对象后,命令行有如下显示

　　输入阴影角度<135.00>:

　　用户根据自己的需要选择阴影角度。

阴影角为 135° 和 45° 的树木如图 2.85 所示。

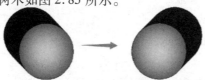

图 2.85　改阴影角图

(6)"改树高度"命令

功能:该命令用于修改树的高度。

菜单:"绿化"→"树木"→"改树高度"。

命令行:X_CHGTREEHGT。

运行命令后,命令行有如下显示:

选择[修改标高(0)/修改高度(1)/三维面缩放(3)]<0>:

用户根据自己的需要选择修改方式和高度。

(7)"改树半径"命令

功能:该命令用于修改树的半径。

菜单:"绿化"→"树木"→"改树半径"。

命令行:X_CHGTREERAD。

运行命令后,命令行有如下显示:

选择树对象:

用户选择树对象后,命令行有如下显示:

输入树的半径<0.00>:

用户根据自己的需要选择树的半径。

(8)"显示填充"命令

功能:该命令用于修改树对象是否显示填充。

菜单:"绿化"→"树木"→"显示填充"。

命令行:X_ViewTreeSolid。

运行命令后,命令行有如下显示:

选择树对象:

用户选择树对象后,命令行有如下显示:

选择是否显示填充[否(0)/是(1)]<1>;

例如用户选择"0"

效果如图2.86所示。

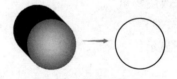

图2.86　显示填充图

(9)"显示阴影"命令

功能:该命令用于修改树对象是否显示填充。

菜单:"绿化"→"树木"→"显示阴影"。

命令行:X_ViewTreeShdw。

运行命令后,命令行有如下显示:

选择树对象:

用户选择树对象后,命令行有如下显示:

选择是否显示填充[否(0)/是(1)]<1>;
例如用户选择"0"

效果如图2.87所示。

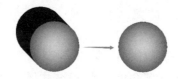

图2.87 显示阴影图

4)树丛

(1)"阔叶林"命令

功能:该命令用于绘制阔叶林(由圆弧组成的多段线)。

菜单:"绿化"→"树丛"→"阔叶林"。

命令行:X_DrawBroadleaf。

运行命令后,命令行有如下显示:

指定第一点或[角度(D)]:

用户输入绘制阔叶林的第一点,如果用"D"回答,则改变阔叶林圆弧的角度值,缺省圆弧度数为150°。

用户指定第一点和角度后,命令行有以下显示:

指定下一点或[回退(U)]:

用户输入下一点,如果用"U"回答,则回退一步。

注意:

①按回车键,程序自动闭合所绘多段线。

②用该命令绘制阔叶林时,应注意绘图的方向,即注意顺时针、逆时针方向。用户可以调整圆弧的角度值,从而改变阔叶林的式样。

阔叶林示例如图2.88所示。

图2.88 阔叶林

(2)针叶林

功能:该命令用于绘制针叶林。

菜单:"绿化"→"树丛"→"针叶林"。

命令行:X_DrawTaiga。

运行命令后,命令行有如下显示:

第一点或[角度(D)/刺长(L)]:

用户输入第一点,如选"D",则修改圆弧的角度数值,如果选"L"则输入针刺长度。

用户指定第一点和角度后,命令行有以下显示:

指定下一点或[回退(U)]:

用户输入下一点,如果选"U"则回退一步。

注意:

①单击回车键,程序自动闭合所绘多段线。

②用户可以调整针刺长度和圆弧角度数值,改变式样。绘制针叶林时,应注意顺时针和逆时针方向,方向不同,效果不一样。

针叶林示例如图2.89所示。

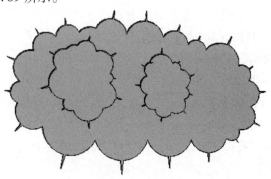

图2.89　针叶林

(3)"竹林"命令

功能:该命令用于绘制竹林。

菜单:"绿化"→"树丛"→"竹林"。

命令行:X_DrawBamboo。

运行命令后,命令行有如下显示:

选择[点选(0)/选实体(1)/描边界(2)/尖角长度(3)]<0>:

选"0"则在一闭合区域内任输一点,获取边界线,再以此边界线为基线,生成竹林。

选"1"则选取一闭合多段线,以该多段线为基线生成竹林。

选"2"则描绘出多段线,生成竹林。

选"3"则输入竹林的尖角长度,以调整竹林的式样。

竹林示例如图2.90所示。

图2.90　竹林

(4)灌木丛

功能:该命令用于绘制填充的灌木丛。

菜单:"绿化"→"树丛"→"灌木丛"。

命令行:X_DrawShrubbery。

运行命令后,命令行有如下显示:

　　输入起点或[长度(L)/角度(A)/填充(H)]:

　　用户输入绘制的起点,输入起点后,拖动鼠标位置,程序会根据鼠标的轨迹绘制。鼠标的位置靠近起点时,自动闭合并退出。

　　选择"L",则输入圆弧两端点的直线长度值。

　　选择"A",则输入圆弧的角度数值,缺省为110°。

　　输入"H",则选择填充图案式样,本程序提供四种式样:无、竹、灌木、草地。

注意:用户绘制灌木丛时,应注意顺时针、逆时针方向,方向不同绘制效果不一样。

灌木丛示例如图2.91所示。

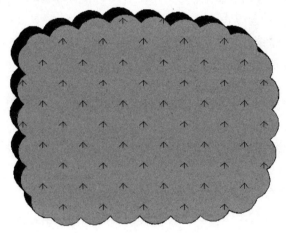

图2.91　灌木丛

(5)绿篱

功能:该命令用于绘制绿篱。

菜单:"绿化"→"树丛"→"绿篱"。

命令行:DrawGreenFense。

运行命令后,命令行有如下显示:

　　指定起点或[绿篱宽度(W)/选曲线(O)]:

　　用户输入绿篱起点,或输入 W、O。

　　绿篱宽度:用户修改绿篱的宽度。

　　选曲线:用户选择曲线,软件自动依据所选曲线,生成绿篱。

　　指定下一点或[闭合(C)]:

　　用户输入绿篱的下一点:或者闭合绿篱。

绿篱示例如图2.92所示。

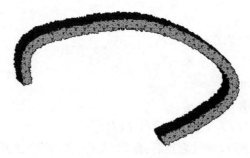

图2.92 绿篱

5)"行道树"命令

功能:该命令用于绘制行道树。

菜单:"绿化"→"行道树"。

命令行:X_MULTREE。

运行命令后,命令行有如下显示:

选择边界线或[参数(P)]:p

用户参数P后命令行有如下显示:

选择树或圆圈、图块:

输入树中心至边界线的距离<3.00>:

输入相邻两棵树中心之间的距离<7.00>:

选择边界线或[参数(P)]:

用户选择边界线后命令行有如下显示

方向:

用户单击需要插入行道树的边界线一侧即可。

6)"多树组合"命令

功能:该命令用于绘制多棵树的组合。

菜单:"绿化"→"多树组合"。

命令行:X_CreateMulTree。

运行命令后,命令行有如下显示:

选择树对象:

输入布置形式(0-13):

指定插入点:

用户可根据自己的需要输入参数,选择多棵树的组合方式和插入点。

7)"花架"命令

功能:该命令用于绘制绿化中的花架。

菜单:"绿化"→"花架"。

命令行:X_AddflowerFrm。

运行命令后,命令行有如下显示:

选择[参数(0)/选物(1)/绘直线(2)/绘曲线(3)]<2>:

用户输入参数命令后,命令行有如下显示:

输入花架宽度<2.00>:

输入花架高度<2.30>:

输入伸出长度<0.20>:

输入衔条间距<0.50>:

输入衔条宽度<0.07>:

输入衔条高度<0.10>:

输入衔条角度<0.00>:

输入纵条宽度<0.15>:

输入纵条高度<0.20>:

用户可根据自己的需要输入参数,选择花架的样式。

8)"树苗统计"命令

功能:该命令用于统计各树种的总数。

菜单:"绿化"→"树苗统计"。

命令行:X_TREECOUNT。

运行命令后,命令行有如下显示:

选择树木[回车全选]:

用户按回车键即可统计出各树种的总数。

9)"苗木表"命令

功能:该命令用于生成苗木表。

菜单:"绿化"→"苗木表"。

命令行:X_TREETABLE。

运行命令后,命令行有如下显示:

选择树木[回车全选]:

用户回车全选后,命令行有如下显示:

输入插入点:

选好插入点点击,即可获得苗木表。

10)"树木图例"命令

功能:该命令用于生成树木图例。

菜单:"绿化"→"树木图例"。

命令行:X_TREETULI。

说明:运行命令后,命令行有如下显示:

选择树木[回车全选]:

用户回车全选后,命令行有如下显示:

输入字体高度<5.00>:

用户输入字体高度后,命令行有如下显示:

输入插入点:

选好插入点单击,即可获得树木图例。

▶ 2.5.2 案例之环境绿化介绍

1)环境绿化需参照规范介绍

《城市居住区规划设计标准》(GB 50180—2018)。

《民用建筑设计统一标准》(GB 50352—2019)5.4 绿化。

《城市绿化条例》(2017 年修订)。

2)绿化

(1)需采用"绘制绿地"命令,用户按照实际需要选择图案比例、图案角度、起始颜色、终止颜色、渐变类型、渐变角度、绿地标高。

(2)实际操作示范

步骤1:将所有的建筑绘制完成之后,可开始着手绘制绿地和景观小品,对构思好的绿地先用多段线画出一个区域范围,然后使用"绘制绿地-选物"命令,将一个闭合空白区域变成绿地区域(图 2.93)。

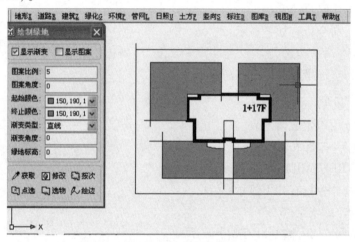

图 2.93 绘制绿地图

步骤2:如果图上没有显示变化,这时需将视图调到彩色平面或者效果平面。(图 2.94)

步骤3:运行命令"渲染-轴侧观察-三维-无框-动态观察",可看到草地创建成功(图 2.95)。

3)铺地

(1)需采用"绘制绿地"命令,绘制居住区规划中的景观铺地。用户按照实际需要选择和输入图案名称、图案比例、图案角度、铺地标高,软件已经预设了众多的图案模型,用户可根据需要选择要填充的图案,如图 2.96 所示。

图 2.94　渲染

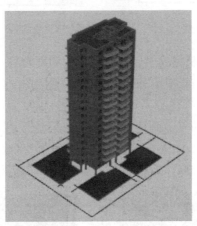

图 2.95　创建草坪效果图

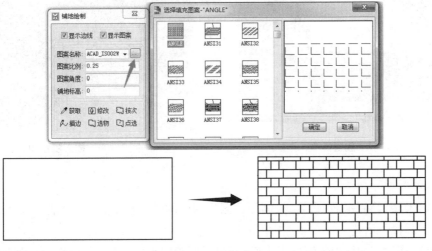

图 2.96　图案填充

（2）实际操作示范

当绿地画完之后（见绿地实际操作示范），接下来绘制小区的小路和铺地。

步骤1：延伸线形成一个闭合的区域（图2.97），然后运行命令"环境"—"铺地"—"绘制铺地"出现铺地绘制工具框之后使用"点选"命令，点取闭合的边界内一点，此区域即变成铺地。彩色平面的视图效果如图2.98所示。

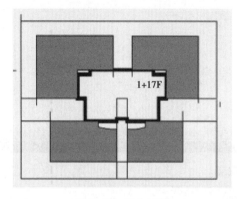

图2.97 闭合区域

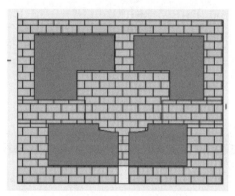

图2.98 彩色平图的视图效果

步骤2：将绿地和铺地绘制完成之后，将树、石头和雕塑等小品放置到合适的位置，湘源图库中拥有众多模型，可直接插入图中，运行"图库-图库管理"命令，从"绿化图库"中选择树，然后在右边树的品种中选择适合当地种植的树木，该案例选择芭蕉、白皮松、白桦、霸王棕作为景观树，单击插入，将树拖放到适当的位置，在彩色平图的视图显示（图2.99）。

步骤3：将雕塑和石头插入图中，运行"三维小品-雕塑/石头"命令，在小区的门口处放入010号雕塑，在草地上放入005号石头，在三维视图下动态显示（图2.100）。

图2.99 放置树木

图2.100 插入雕塑和石头

4）绘制水面

（1）需采用"绘制水面"命令，绘制居住区规划中的景观水系。效果如图2.101所示。

（2）实际操作示范

步骤1：将建筑和绿地绘制好了之后，就着手于绘制水体部分，首先将水体的轮廓线绘制出来，如图2.102所示。

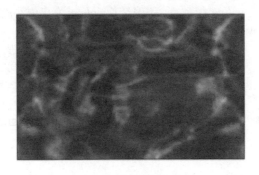

图 2.101　绘制水面

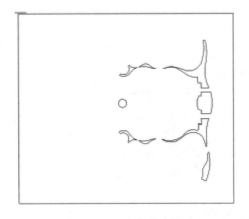

图 2.102　水体轮廓线

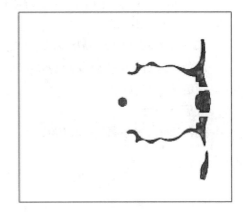

图 2.103　生成水体

步骤 2：使用"绿化"—"水面"—"绘制水面"命令，使用点选或者选物命令（点选命令只能用在闭合的多段线内），生成水体。使用"渲染-效果平图"命令，效果如图 2.103 所示。

2.6 环　境

1)"自由小路"命令

功能：主要用于绘制居住区规划中的景观小路（要与匝道区分）。

菜单："环境"→"绘制小路"→"自由小路"。

命令：X_FreeRoad。

输入自由小路宽度<5.00>：

选择[点选(0)/选物(1)/描线(2)/绘曲线(3)]<3>：

用户可以根据实际情况选择 0/1/2/3。

点选：用户在闭合区域内输入一点，程序自动搜寻边界线，作为自由小路的中心线（图 2.104）：

选物：用户选择多段线，作为自由小路的中心线。（图 2.105）

描线：用户直接绘制自由小路的中心线。

绘曲线:用户输入 spline 线顶点,程序转换 spline 为自由小路的中心线。

图 2.104　自由小路　　　　　　　　图 2.105　自由小路中心线

2)"碎石路"命令

功能:主要用于绘制规划图中的景观碎石路。

菜单:"环境"→"绘制小路"→"碎石路"。

命令:X_StoneRoad。

　　输入碎石路宽度<2.00>:

　　选择[点选(0)/选物(1)/描线(2)/绘曲线(3)]<3>:

　　指定第一个点:

　　指定下一点:

其余操作同自由小路(图 2.106)。

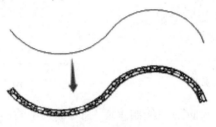

图 2.106　碎石路

3)"绘制匝道"命令

　　功能:主要用于绘制居住区规划中的匝道(要与自由小路区分)。匝道通常是指一小段供车辆进出主干线(高速公路、高架道路、桥梁及行车隧道等)与邻近的辅路,或其他主干线的陆桥/斜道/引线连接道,以及集散道等的附属接驳路段。它是构成道路立交桥的主要交通建设。

　　菜单:"环境"→"绘制小路"→"绘制匝道"。

　　命令:X_CirRoad。

　　输入匝道宽度<7.00>:

　　选择[点选(0)/选物(1)/描线(2)/绘曲线(3)]<3>:

　　指定第一个点:

4)"宅前小路"命令

功能:主要用于绘制规划图中的通往住宅的小路,绘制时交叉口会自动处理。

菜单:"环境"→"绘制小路"→"宅前小路"。

命令:DrwSmallRd。

　　指定起点或者[路宽(W)/半径(R)/选线转换(V)/打开正交(T)]:

指定下一点或者 [圆弧(A)/回退(U)/打开正交(T)]:

根据绘制好的道路中心线绘制多点,然后按下回车键,结束宅前小路的绘制(图2.107)。

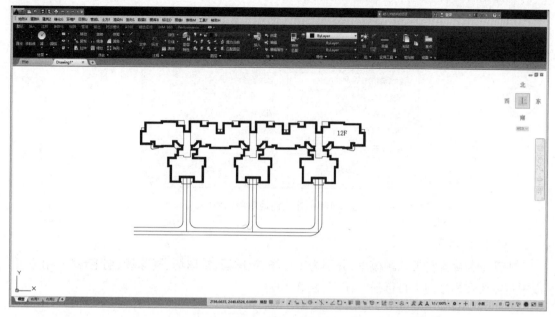

图 2.107　宅前小路

5)"填充转换"命令

功能:把普通填充转换为铺地对象。

菜单:"环境"→"铺地"→"填充转换"。

命令行:X_HtchToGrud。

运行命令后,命令行有如下显示:

　　选择填充实体:用户选择普通填充对象。

选择完后按回车键,程序会将普通填充转换为铺地对象。

6)"属性修改"命令

功能:修改铺地对象的名称、标高、造价、填充图案等属性。

菜单:"环境"→"铺地"→"属性修改"。

命令行:X_ChgGrudData。

运行命令后,命令行有如下显示:

　　选择铺地对象:用户选择多个铺地对象。

选择完后按回车键,出现图 2.108 所示的对话框,用户可根据实际情况自行修改。

7)"统计面积"命令

功能:统计铺地的面积。

菜单:"环境"→"铺地"→"统计面积"。

命令行:X_GetGrudArea。

运行命令后,命令行有如下显示:

选择铺地对象:用户选择多个铺地对象。

选择完后按回车键,将显示铺地的总面积。

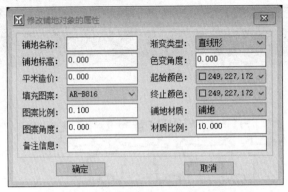

图2.108　修改铺地对象的属性

8)"球场"命令

本部分为湘源自带球场模型,分别为田径场、篮球场、排球场、网球场、羽毛球场,用户可以根据需要在规划图中自行插入模型(图2.109)。

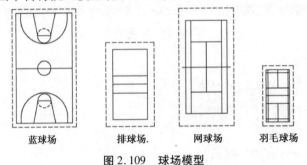

蓝球场　　　　排球场.　　　　网球场　　　羽毛球场

图2.109　球场模型

9)"模型"命令

(1)插入模型

功能:主要用于将在3ds Max中做好的模型插入CAD中。

菜单:"环境"→"模型"→"插入模型"。

命令:X_LzxMech。

说明:运行命令后,出现文件打开对话框,用户选择XML格式文件,程序导入XML格式的模型文件。也可运用"批量插入"命令(X_AddLzxMech)将多个XML格式文件导入。

XML格式文件转换具体为在3ds Max中绘制三维实体,运用oFusion的Export Scene功能,将3ds Max的三维实体导出为mesh格式文件,再运用CVT把mesh格式文件转换为XML格式文件。使用该方法转换的实体,不但具有三维面的精确坐标,而且具有贴图、贴图坐标、法向量等数值。

(2)加平面线

功能:添加模型的二维平面线。

菜单:"环境"→"模型"→"加平面线"。

命令:X_AddMeshPlan。

运行命令后,命令行有如下显示:

选择模型对象(LZXXGMESH):用户选择模型对象。

选择平面线(直线、圆弧、圆或多段线):用户选择平面线(直线、圆弧、圆或多段线)

说明:程序将把所选平面线添加到模型对象中。在二维显示状态下,模型对象只显示平面线。

(3)3DS 导入

功能:从 3ds Max、SKETCHUP 中导入 3DS 文件格式的三维模型。

菜单:"环境"→"模型"→"3DS 导入"。

命令:X_Read3dsFile。

10)"绘制台阶"命令

功能:主要用于自动生成景观台阶。

菜单:"环境"→"绘制台阶"。

命令:X_LzxStep。

运行命令后,命令行有如下显示:

指定第一点或[选择多段线(P)]:

说明:用户可以根据需要绘线或者选择已经绘好的多段线(P),程序将以该多段线为台阶的中心线生成台阶(图 2.110)。

11)"绘制挡墙"命令

功能:挡墙是指支承路基填土或山坡土体、防止填土或土体变形失稳的构造物,此命令主要用于绘制总体规划布局中的挡墙。

菜单:"环境"→"绘制挡墙"。

命令:X_LzxWall。

运行命令后,命令行有如下显示:

指定第一点:用户输入挡土墙的第一点。

指定下一点或[回退(U)]:用户输入挡土墙的下一点。用"U"回退一步。完成顶点输入后,按回车键。

输入高度<3.00>:用户输入挡土墙的高度。

程序绘制的挡墙如图 2.111 所示。

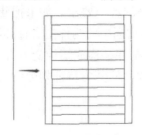

图 2.110　台阶　　　　　　　　　图 2.111　挡土墙

12)"绘制车位"命令

功能:主要用于绘制规划布局中的车位。

菜单:"环境"→"绘制车位"。

命令:X_AddLzxPark。

运行命令后,命令行有如下显示:

　　输入长度<6.00>:

　　输入宽度<3.50>:

　　选择曲线:

　　方向:

说明:用户需要输入车位长度—输入车位宽度—选择绘好的曲线—选择方向(图2.112)。

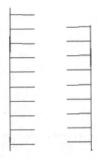

图2.112　车位

13)"车位统计"命令

功能:统计指定范围内车位数量。

菜单:"环境"→"绘制车位"。

命令:X_PriceParks。

运行命令后,命令行有如下显示:

　　选择停车位对象或建筑对象:用户选择停车位对象或建筑对象。

说明:选择完后按回车键,程序显示车位总数、地面车位数和地下车位数。地面车位数通过统计停车位对象中的车位数值得到,地下车位数通过统计建筑对象中的停车位属性值得到。

14)"绘制构件"命令

功能:绘制建筑构件。建筑构件是指构成建筑物的各个要素。如果把建筑物看成一个产品,那建筑构件就是指这个产品当中的零件。建筑物当中的构件主要有:楼(屋)面、墙体、柱子、基础等。其与结构构件的概念不尽相同,结构构件是构成结构受力骨架的要素,当然也包括梁、板、墙体、柱子、基础等,但它一般是按照构件的受力特征划分的,分为受弯构件、受压构件、受拉构件、受扭构件、压弯构件等。

菜单:"环境"→"绘制构建"。

命令:X_AddLzxForm。

运行命令后,命令行有如下显示:

输入标高<0.00>:用户输入构件对象的标高。

输入高度<12.00>:用户输入构件的高度。

选择[点选(0)/选物(1)/绘边(2)]<2>:用户输入0、1、2。

点选,用户在闭合区域内输入一点,程序自动搜寻边界线,作为构件的轮廓线。

选物:用户选择多段线,作为构件的轮廓线。

描边:用户直接输入构件的轮廓线。

说明:此命令主要在三维视图下完成,三维视图请参考轴距观测命令。

15)"分析线"命令

功能:绘制分析图中所需的各种分析线。

菜单:"环境"→"分析线"。

命令行:MKLZXLINE。

运行命令后,出现如图2.113所示的对话框。

绘景观分析线
线段类型: 0
实体宽度: 15
长段参数: 0.5
间隔参数: 0.5
短段参数: 0.5
线宽参数: 0.05
阴影参数: 0.2
填充颜色: □绿
阴影颜色: ■黑
箭头式样: 2
箭头显示: 3
填充显示: 实心
阴影显示: 显示
边线显示: 显示
样例 转单线 获取
绘线 选曲线 修改

图2.113 绘景观分析线

说明:程序提了10种形式的分析线,用户可以自由选择。

16)"景观节点"命令

功能:绘景观分析节点。

菜单:"环境"→"景观节点"。

命令行:LzxLinePt。

说明:输入命令后,出现如图2.114所示的图库对话框,用户选择景观分析节点图块,按"插入",把该图块插入当前图中。

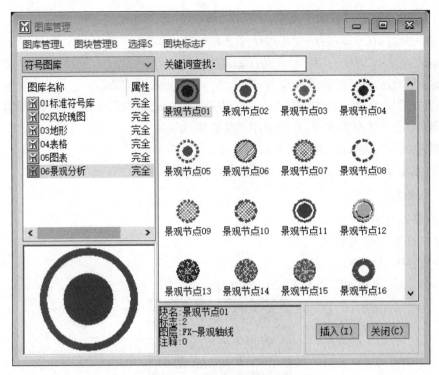

图 2.114　景观分析图库管理

17）辅助工具

（1）"设置造价"命令

功能：设置所选对象的造价参数。

菜单："环境"→"辅助工具"→"设置造价"。

命令行：X_SetPrice。

运行命令后，命令行有如下显示：

　　输入造价参数：用户输入造价参数。

　　选择需要设置造价的对象：用户选择需要设置造价的对象，对象包括本软件所有自定义对象。

（2）"造价统计"命令

功能：统计多个对象的总造价。

菜单："环境"→"辅助工具"→"造价统计"。

命令行：X_PriceStat。

运行命令后，命令行有如下显示：

　　选择需要统计造价的对象：用户选择需要统计造价的对象，选择完后按回车键，将显示统计的总造价值。

（3）"用地红线"命令

功能：绘制用地红线。

菜单："环境"→"辅助工具"→"用地红线"。

命令行：DrawYdHx。

运行命令后,命令行有如下显示:

选择[描边界(0)/按次选线(1)]〈0〉:用户选择绘制用地红线的方式。

选0:用户人工描边界,生成用地红线。在描边界过程中,程序支持用户选择曲线边界。

选1:用户按次序选择边界曲线,程序根据所选的曲线及选择位置,自动计算出闭合的边界线,生成用地红线。注意计算结果跟选择点的位置有关。

(4)"绘箭头"命令

功能:绘制排水方向及箭头。

菜单:"环境"→"辅助工具"→"绘箭头"。

命令行:MKARROW。

运行命令后,命令行有如下显示:

选择[0-多段线箭头　1-两点插入箭头块　2-参照插入箭头块]〈0〉:用户选择画箭头的方式。

选"0"则绘制多个拐点形式的箭头,箭头为多段线,不能缩放比例。

选"1"则通过输入两点,绘制箭头,箭头为图块实体。

选"2"则通过选择参照实体,生成与其方向一致的箭头,箭头为图块实体。

说明:箭头大小可通过绘图比例来控制,用户可通过"参数设置"命令调整图纸比例。

3

其他命令介绍

3.1 日 照

3.1.1 相关规范

1)《城市居住区规划设计标准》(GB 50180—2018)

该标准的条文规定:

住宅建筑的间距应符合表 3.1 的规定;对于特定情况,还应符合下列:

①老年人居住建筑日照标准不应低于冬至日日照时数 2 h。

②在原设计建筑外增加任何设施不应使相邻住宅原有日照的标准降低,既有住宅建筑进行无障碍改造加装电梯除外。

③旧区改建的项目内新建住宅建筑日照标准不应低于大寒日日照时数 1 h。

表 3.1 住宅建筑日照标准

建筑气候区划	Ⅰ、Ⅱ、Ⅲ、Ⅶ气候区		Ⅳ气候区		Ⅴ、Ⅵ气候区
城区常住人口/万人	≥50	<50	≥50	<50	无限定
日照标准日	大寒日			冬至日	
日照时数/h	≥2		≥3		≥1

续表

有效日期时间带 （当地真太阳时）	8~16时	9~15时
计算起点	底层窗台面	

注：底层窗台面是指距室内地坪0.9 m高的外墙位置。

2)《住宅设计规范》(GB 50096—2011)

该规范的条文规定：

①每套住宅至少应有一个居住空间能获得冬季日照。

②需要获得冬季日照的居住空间的窗洞开口宽度不应小于0.60 m。

3)《民用建筑设计统一标准》(GB 50352—2019)

该标准的条文规定：

①建筑间距应符合现行国家标准《建筑设计防火规范》(GB 50016—2014)的规定及当地城市规划要求。

②建筑间距应符合该标准第7.1节建筑用房天然采光的规定,有日照要求的建筑和场地应符合国家相关日照标准的规定。

4)《老年人居住建筑设计规范》(GB 50340—2016)

该规范的条文规定：

①每套住宅应至少有一个居住空间能获得冬季日照。

②老年人居住建筑的主要用房应充分利用天然采光,并不应低于现行国家标准《住宅设计规范》(GB 50096—2014)的规定。

5)《中小学校建筑设计规范》(GB 50099—2011)

该规范的条文规定：

①普通教室冬至日满窗日照不应少于2 h。

②中小学校至少应有1间科学教室或生物实验室的室内能在冬季获得直射阳光。

6)《托儿所、幼儿园建筑设计规范》(JGJ 39—2016)

该规范的条文规定：

托儿所、幼儿园的活动室、寝室及具有相同功能的区域,应布置在当地最好朝向,冬至日底层满窗日照不应小于3 h。

7)《宿舍建筑设计规范》(JGJ 36—2016)

该规范的条文规定：

宿舍应满足自然采光、通风要求。宿舍半数及半数以上的居室应有良好朝向。

▶　3.1.2　命令详解

1)"地理位置"命令

功能：设置地理位置。

菜单:"日照"→"地理位置"。

命令行:X_SetPlace。

说明:运行命令后,出现如图3.1所示的对话框。

①东经:用户输入所在地的经度值,东经为正,西经为负。

②北纬:用户输入所在地的纬度值,北纬为正,南纬为负。

③温度:用户输入计算日的温度值。

④气压:用户输入计算日的气压值。

⑤海拔:用户输入所在地的海拔高度值。

2)"建筑高度"命令

功能:设置建筑高度。

菜单:"日照"→"建筑高度"。

命令行:X_SetBudHgt。

运行命令后,命令行有如下显示:

　　选择闭合多段线:用户选择闭合多段线。

　　输入建筑高度:用户输入建筑高度。

　　输入建筑底标高:用户输入建筑底标高。

程序把所选闭合多段线作为建筑外墙线,进行日照分析。

3)"布置窗户"命令

功能:在建筑外墙线上布置窗户。

菜单:"日照"→"布置窗户"。

命令行:X_SetSunWin。

说明:运行命令后,出现如图3.2所示的对话框。

图3.1　地理位置　　　　　图3.2　布置窗户

①层数:用户输入建筑的层数。

②层高:用户输入建筑的层高。

③层标高:用户输入层标高。

④窗台高:用户输入窗台高。

⑤窗高:用户输入窗户的高度。

⑥窗宽:用户输入窗户的宽度。

按"确认"键后,提示:

请点取要插入门窗的外墙线:用户选择外墙线。

输入距离:用户输入窗户的位置距离。

4)"单点分析"命令

功能:对单个点进行日照分析。

菜单:"日照"→"单点分析"。

命令行:X_SinCal。

运行命令后,命令行有如下显示:

选择建筑物[回车全选]:用户选择建筑物。

运行命令后,出现如图3.3所示的对话框。

①计算日期:用户选择需要计算日照的日期。一般情况下,选择冬至日。

②起始时间:用户输入开始计算的时间。

③结束时间:用户输入结束计算的时间。

④时间间隔:用户输入时间间隔,时间间隔越小,计算速度越慢。时间间隔越大,分析结果的精度越低。

⑤使用真太阳时:用户选择是否按真太阳时计算。

用户填写各参数后,单击"确认"按钮。

输入计算点的位置:用户输入计算点的位置。

输入该点的标高:用户输入该点的标高。

5)"多点分析"命令

功能:对某区域多个点进行日照分析。

菜单:"日照"→"多点分析"。

命令行:X_MulCal。

说明:运行命令后,出现如图3.4所示的对话框。

图3.3　单点日照分析

图3.4　多点日照分析

①计算日期:用户选择需要计算日照的日期。一般情况下,选择冬至日。

②起始时间:用户输入开始计算的时间。

③结束时间:用户输入结束计算的时间。

④时间间隔:用户输入时间间隔,时间间隔越小,计算速度越慢;时间间隔越大,分析结果的精度越低。

⑤窗台高度:用户输入窗台高度。

⑥间隔距离:用户输入计算点的间隔距离。距离越小,计算点越多。

⑦使用真太阳时:用户选择是否按真太阳时计算。

⑧使用最长连续时间:用户选择是否按最长连续时间计算。

⑨使用加号标注:用户选择是否使用加号标注。

用户填写各参数后,单击"确认"按钮。

第一角点:用户输入第一角点。

另一角点:用户输入另一角点。按回车键退出。

选择建筑物[回车全选]:用户选择建筑物。

6)"沿线分析"命令

功能:沿曲线多点进行日照分析。

菜单:"日照"→"沿线分析"。

命令行:X_LinCal。

说明:运行命令后,出现如图3.5所示对话框。

图3.5 沿线日照分析

①计算日期:用户选择需要计算日照的日期。一般情况下,选择冬至日。

②起始时间:用户输入开始计算的时间。

③结束时间:用户输入结束计算的时间。

④时间间隔:用户输入时间间隔,时间间隔越小,计算速度越慢;时间间隔越大,分析结果的精度越低。

⑤使用真太阳时:用户选择是否按真太阳时计算。

用户填写各参数后,单击"确认"按钮。

选择曲线实体:用户选择曲线实体。

输入采样点间距:用户输入采样点间距。

选择建筑物[回车全选]:用户选择建筑物。

7)"窗户分析"命令

功能:对窗户进行日照分析。

菜单:"日照"→"窗户分析"。

命令行:X_WinCal。

说明:运行命令后,出现如图3.6所示对话框。

图3.6　窗户分析

①计算日期:用户选择需要计算日照的日期。一般情况下,选择冬至日。

②起始时间:用户输入开始计算的时间。

③结束时间:用户输入结束计算的时间。

④时间间隔:用户输入时间间隔,时间间隔越小,计算速度越慢;时间间隔越大,分析结果的精度越低。

⑤使用真太阳时:用户选择是否按真太阳时计算。

用户填写各参数后,单击"确认"按钮。

选择窗户:用户选择窗户。

选择建筑物[回车全选]:用户选择建筑物。

输入表格插入点:用户输入表格的插入点。

8)"单阴影轮廓"命令

功能:生成单阴影轮廓线。

菜单:"日照"→"单阴影轮廓"。

命令行:X_SinShdwLine。

说明:运行命令后,出现如图3.7所示对话框。

图3.7　单阴影轮廓

①计算日期:用户选择需要计算日照的日期。一般情况下,选择冬至日。

②起始时间:用户输入计算的时间。

③使用真太阳时:用户选择是否按真太阳时计算。

用户填写各参数后,单击"确认"。

选择建筑物[回车全选]:用户选择建筑物。

9)"多阴影轮廓"命令

功能:生成多阴影轮廓线。

菜单:"日照"→"多阴影轮廓"。

命令行:X_MulShdwLine。

说明:运行命令后,出现如图3.8所示对话框。

①计算日期:用户选择需要计算日照的日期。一般情况下,选择冬至日。

②起始时间:用户输入开始计算的时间。

③结束时间:用户输入结束计算的时间。

④时间间隔:用户输入时间间隔,时间间隔越小,计算速度越慢;时间间隔越大,分析结果的精度越低。

⑤使用真太阳时:用户选择是否按真太阳时计算。

用户填写各参数后,按"确认"。

选择建筑物[回车全选]:用户选择建筑物。

10)"正午阴影轮廓"命令

功能:生成正午阴影轮廓线。

菜单:"日照"→"正午阴影轮廓"。

命令行:X_Noonshdw。

说明:运行命令后,出现如图3.9所示对话框。

图3.8 多阴影轮廓

图3.9 正午阴影轮廓

①计算日期:用户选择需要计算日照的日期。一般情况下,选择冬至日。

②使用真太阳时:用户选择是否按真太阳时计算。

用户填写各参数后,按"确认"。

选择建筑物[回车全选]:用户选择建筑物。

11)"等照时线"命令

功能:生成等照时线。

菜单:"日照"→"等照时线"。

命令行:X_EQtimLine。

说明:运行命令后,出现如图3.10所示对话框。

图3.10 等照时线

①计算日期:用户选择需要计算日照的日期。一般情况下,选择冬至日。

②起始时间:用户输入开始计算的时间。

③结束时间:用户输入结束计算的时间。

④时间间隔:用户输入时间间隔,时间间隔越小,计算速度越慢;时间间隔越大,分析结果的精度越低。

⑤使用真太阳时:用户选择是否按真太阳时计算。

用户填写各参数后,按"确认"。

输入时间值(分钟):用户输入等照时间值。

选择建筑物[回车全选]:用户选择建筑物。

12)"棒影日照图"命令

功能:生成棒影日照图。

菜单:"日照"→"棒影日照图"。

命令行:X_SunPoleShdw。

说明:运行命令后,出现如图3.11所示对话框。

图3.11 日照棒影

①计算日期:用户选择需要计算日照的日期。一般情况下,选择冬至日。

②起始时间:用户输入开始计算的时间。

③结束时间:用户输入结束计算的时间。

④时间间隔:用户输入时间间隔,时间间隔越小,计算速度越慢;时间间隔越大,分析结果的精度越低。

⑤使用真太阳时:用户选择是否按真太阳时计算。

用户填写各参数后,按"确认"。

输入杆高:用户输入杆高。

输入位置点:用户输入位置点。

13)"间距公式"命令

功能:生成日照间距公式。

菜单:"日照"→"间距公式"

命令行:X_SunDistForm

说明:运行命令后,出现如图 3.12、图 3.13 所示对话框。

图 3.12　日照参数设置　　　图 3.13　日照间距计算

①计算日期:用户选择需要计算日照的日期。一般情况下,选择冬至日。

②起始时间:用户输入计算的时间。

③使用真太阳时:用户选择是否按真太阳时计算。

单击"确认"后,程序显示日照间距公式。

14)"单点输出"命令

功能:单点分析结果输出到 Microsoft Execl。

菜单:"日照"→"单点输出"。

命令行:X_ExcelOutSin。

说明:命令行有如下显示:

选择单点日照分析点:用户选择需要输出的单点日照分析点。

选择完后,提示输入文件名称。

15)"太阳位置"命令

功能:查询任意时刻的太阳精确位置。

菜单:"日照"→"太阳位置"。

命令行:X_SunPlaceView。

说明:运行命令后出现如图3.14所示对话框。将显示当前太阳位置。用户也可输入日期及时间,查询其指定位置。

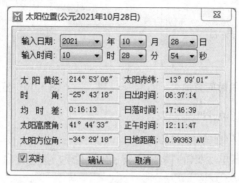

图3.14　太阳位置

该程序可以精确计算出-2000年至6000年(前后共8000年)任意时刻太阳高度角和方位角,其数值误差在±0.0003以内。

与国际著名星空观测软件SKYMAP Pro 10进行比较,近现代时期的计算结果完全一致。

程序可以查询任意时刻有关太阳的参数,如太阳黄经、太阳赤纬、太阳时角、时差、与北京时差、太阳高度角、太阳方位角、日出时间、日落时间、正午时间、日地距离等。

计算太阳高度角时,对地平视差及大气蒙气差进行了订正。因此,在参数输入中,除必须输入经度、纬度外,还需要输入当地气压、温度及海拔高度等数据。

程序提供了真太阳时和北京时间两种时间选择(计算时会自动转化为力学时)。

本程序采用了天文纪年方法,即公元前1年为0年,公元前2年为-1年,以此类推(公元纪年制中没有"公元0年",不便计算)。

16)"节气时间"命令

功能:查询二十四节气的精确时间。

菜单:"日照"→"节气时间"。

命令行:X_SolarTerm。

说明:运行命令后出现如图3.15所示对话框。用户可以查询(-2000年至6000年)任意年份的任意节气的精确时间。

17)"建筑阴影"命令

功能:使用当前太阳位置,修改建筑阴影。

菜单:"日照"→"建筑阴影"。

命令行:X_ChgBugShdw。

说明:运行命令后出现如图3.16所示对话框。

图 3.15　节气时间查询

图 3.16　修改阴影

用户输入日期和时间,单击"确定"。

　　选择建筑对象:用户选择建筑物。

　　注意:本命令首先计算出太阳的精确位置,然后修改建筑对象平面阴影,并修改当前光源为计算获得的特定位置的阳光。

18)"阴影信息"命令

功能:查询阴影轮廓信息。

菜单:"日照"→"阴影信息"。

命令行:X_GetShwXdata。

说明:命令行有如下显示:

　　选择阴影轮廓:用户选择阴影轮廓线。

程序显示该阴影轮廓线的时间信息。

19)"实体擦除"命令

功能:擦除日照分析生成的各种实体。

菜单:"日照"→"实体擦除"。

命令行:X_ClearObj。

运行命令,命令行有如下显示:

　　选择需删除的同类实体中的任一实体:用户选择需删除的同类实体中的任一实体,
　　程序自动删除与该实体同类的所有实体。

▶ 3.1.3　案例之日照介绍

1)日照分析需参照的相关规范介绍

《城市居住区规划设计标准》(GB 50180—2018)第 4.0.9 条;

《民用建筑设计统一标准》(GB 50352—2019)第 5.1.2 条;

《住宅设计规范》(GB 50096—2011)第 7.1 条。

2)地理位置

(1)命令简介

功能:设置地理位置。

菜单:"日照"→"地理位置"。

命令行:X_SetPlace。

说明:运行命令后,出现如图 3.17 所示对话框。

①东经:用户输入所在地的经度值,东经为正,西经为负。

②北纬:用户输入所在地的纬度值,北纬为正,南纬为负。

③温度:用户输入计算日的温度值。

④气压:用户输入计算日的气压值。

⑤海拔:用户输入所在地的海拔高度值。

(2)实际操作示范

步骤1:打开"书院名邸例子"dwg 文件,单击工具栏"日照"→"地理位置",出现如图 3.17 所示窗口,设置该片区的地理位置。

步骤2:单击 >> 按钮,可以指定省份城市的地理位置,设置完成后,单击"确定"按钮。本案例地理位置设置如图 3.18 所示。

3)多点分析

(1)命令简介

功能:对某区域多点进行日照分析。

菜单:"日照"→"多点分析"。

命令行:X_MulCal。

说明:运行命令后出现如图 3.19 所示的对话框。

图 3.17　地理位置

图 3.18　选择城市

图 3.19　多点日照分析

①计算日期:用户选择需要计算日照的日期。一般情况下,选择冬至日。

②起始时间:用户输入开始计算的时间。

③结束时间:用户输入结束计算的时间。

④时间间隔:用户输入时间间隔,时间间隔越小,计算速度越慢;时间间隔越大,分析结果的精度越低。

⑤窗台高度:用户输入窗台高度。

⑥间隔距离:用户输入计算点的间隔距离。距离越小,计算点越多。

⑦使用真太阳时:用户选择是否按真太阳时计算。

⑧使用最长连续时间:用户选择是否按最长连续时间计算。

⑨使用加号标注:用户选择是否使用加号标注。

用户填写各参数后,单击"确认"按钮。

第一角点:用户输入第一角点。

另一角点(退出):用户输入另一角点。按回车键退出。

选择建筑物[回车全选]:用户选择建筑物。

(2)实际操作示范

步骤1:进行多点分析。单击工具栏"日照"→"多点分析"运行该命令后,出现如图3.19所示的对话框。

取消"使用真太阳时"的勾选,其他系数不变,单击"确认"按键。

命令栏如下操作:

第一角点:输入第一角点。

另一角点(退出):输入另一角点。按回车键退出。

选择建筑物[回车全选]:选择建筑物。

由于模型较大,此处在选择角点时,只选择小范围做日照分析,如图3.20左下侧方框所示范围。

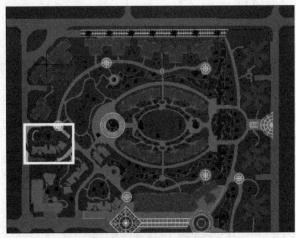

图3.20 小范围日照分析

步骤2:此处使用动态观察,可以查看该时段日照分析片区的日照情况,如图3.21所示。

4)日照比例

(1)命令简介

功能:计算符合日照要求的建筑比例。

菜单:"日照"→"日照比例"。

命令行:X_GetSunPercent。

说明:运行命令后出现如图3.22所示窗口。

①计算日期:用户输入计算日期。

②起始时间:用户输入起始时间。

③结束时间:用户输入结束时间。

图 3.21　日照情况

图 3.22　计算日照比例

④时间间隔:用户输入时间间隔。

⑤使用真太阳时:用户输入是否使用真太阳时。

设置好参数后,按"确认"按钮。

选择建筑物[回车全选]:用户选择建筑物。

程序自动计算出符合日照要求的建筑比例。

(2)实际操作示范

步骤:计算符合日照要求的建筑比例。转为"平面视图"后,单击工具栏"日照"→"日照比例",出现如图 3.22 所示对话框。

系数不变,单击"确认"。

选择建筑物[回车全选]:(此处点选小区内所有建筑单体)

选择建筑物[回车全选]:总计 29 个

选择建筑物[回车全选]:

共有 29 栋建筑,其中 8 栋建筑存在日照问题,所占比例为 27.59%。

可以通过此命令,计算出存在日照问题的建筑比例,再对建筑物进行合理布局,此处不再详细介绍。

3.2 管 线

▶ **3.2.1 "给水管线"命令**

(1)"绘给水管"命令

功能:绘制给水管。

菜单:"管线"→"给水管线"→"绘给水管"。

命令行:MakeSupwtLine。

说明:运行命令后,出现如图3.23所示对话框。

选定合适的参数后,单击"确定"按钮,命令行有如下显示:

　　选择[选实体(0)／描边界(1)]<1>:此处可参照地形(植被填充)

图3.24是参照窗口参数画图的给水管道图。

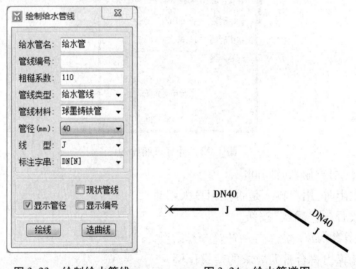

　　图3.23　绘制给水管线　　　　　　图3.24　给水管道图

注意:

①管线名称:用户输入需要绘制给水管线的名称。

②管线编号:用户输入给水管线的编号。

③管线材料:用户选择给水管线的管材。不同的管材,其管径等级不同,管径标注的方式不同,水力计算的公式不同,公式系数也不同。

④粗糙系数:给水管水力计算主要使用海曾-威廉公式,因此粗糙系数是指海曾-威廉系数 C 。

⑤管径:用户输入需要绘制给水管线的管径;也可先用最小管径,最后通过"管径初算"命令自动计算出管径。

⑥标注字串:用户输入管线标注的格式字串。

[N]代表公称直径;

［E］代表外径;

［T］代表壁厚;

［L01］代表管线长度;中间数字为单位,0 为米,1 为毫米,第三位数字为精度。［L01］表示使用米为单位,精确到小数点后 1 位,标注管线长度;［L12］表示使用毫米为单位,精确到小数点后 2 位,标注管线长度。

［I01］代表坡度,中间数字为单位,0 为普通单位,1 为% ,2 为‰,第三位数字为精度。［I01］表示精确到小数点后 1 位,标注管线坡度;［I12］表示使用% 为单位,精确小数点后 2 位,标注管线坡度;［I23］表示使用‰为单位,精确小数点后 3 位,标注管线坡度。

%%c 代表 φ 符号。

假设外径为 200 mm,壁厚为 25 mm,管长为 50 mm,坡度为 0.008 的管线,标注字串为 "%%c［E］×［T］L=［L12］i=［I22］‰"则显示为"φ200×25 L=50.00 i=8.00‰"。

⑦备注:用户输入管线的备注信息。

⑧显示井号:选择是否显示节点井号。

⑨显示标注:选择是否显示管径标注。

⑩现状管线:选择是否为现状管线。

⑪使用"管材设置"命令可以添加或修改管材参数。

(2)"采集标高"命令

功能:自动采集给水管各节点的地面标高。

菜单:"管线"→"给水管线"→"采集标高"。

命令行:GetSupwtElev。

说明:图中必须存在现状高程点。

命令行有如下显示:

选择给水管线:用户先选择给水管线。选择完后,回车,软件自动计算给水管线各节点的地面标高。

(3)"修改管径"命令

功能:修改给水管的管径。

菜单:"管线"→"给水管线"→"修改管径"。

命令行:ChgSupwtDia。

运行命令后,命令行有如下显示:

选择给水管径标注文字:用户选择给水管径标注文字,软件通过给水管径标注文字获取管段,以便指定修改哪一管段的管径。

运行命令后,出现如图 3.25 所示的对话框。

图 3.25　修改给水管径

用户选择新的管径数值,单击"确定"按钮后,管径即被修改(如图 3.26 所示,将管径参数改为 100)。

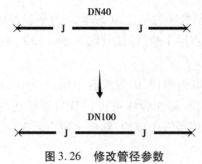

图 3.26　修改管径参数

注意:管径的等级跟管材有关,用户可以使用"管道材料"命令,添加管径或新的管材。

(4)"沿线流量"命令

功能:设置所选管段的沿线流量。

菜单:"管线"→"给水管线"→"沿线流量"。

命令行:SupwtLineFlux。

运行命令后,命令行有如下显示:

选择输入方式[流量数值(0)/按长度比流量法(1)/按面积比流量法(2)]<1>:用户选择输入沿线流量的方式。

流量数值(0):直接输入沿线流量的数值。

按长度比流量法(1):软件用长度比流量乘以管线长度,计算出沿线流量,然后输入数值。

按面积比流量法(2):软件用面积比流量乘以面积,计算出沿线流量,然后输入数值。

(5)"集中流量"命令

功能:设置所选节点的集中流量。

菜单:"管线"→"给水管线"→"集中流量"。

命令行:SupwtFixFlux。

说明:软件通过沿线流量、集中流量及转输流量相加得到总流量,然后通过公式求出管径、流速、水头损失等。

运行命令后,命令行有如下显示:

选择给水管径标注文字:用户选择给水管径标注文字,软件通过给水管径标注文字,获取管段编号。

输入该管段的集中流量(升/秒)<0.00>:用户输入该管段的集中流量。

(6)"转输流量"命令

功能:修改所选节点的转输流量。

菜单:"管线"→"给水管线"→"转输流量"。

命令行:ChgSupwtUpFlux。

说明:软件通过沿线流量、集中流量及转输流量相加得到总流量,然后通过公式求出管径、流速、水头损失等。

　　运行命令后,命令行有如下显示:

　　　　选择给水管径标注文字:用户选择给水管径标注文字,软件通过给水管径标注文字,获取
　　　　管段编号。

　　　　输入该管段的转输流量(升/秒)<0.00>:用户输入该管段的转输流量。

　　注意:该命令用于设置人工分配计算获得的转输流量。

　　(7)"节点参数"命令

　　功能:查询或修改节点的参数。

　　菜单:"管线"→"给水管线"→"节点参数"。

　　命令行:ChgSupwtWellParm。

　　运行命令后,命令行有如下显示:

　　　　选择给水管节点:用户选择给水管节点。

　　选择后,用户可以设置该节点的相关参数,如图 3.27 所示。

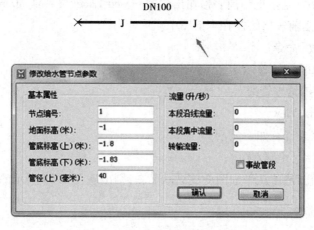

图 3.27　修改给水管节点参数

　　注意:管道的大部分参数都记录在节点上。

　　(8)"管径初算"命令

　　功能:根据流量初步计算给水管径。

　　菜单:"管线"→"给水管线"→"管径初算"。

　　命令行:FirstSupwtCal。

　　说明:选择给水管线,用户选择需要初步计算管径的给水管线。

　　注意:使用该命令之前,必须先用"沿线流量""集中流量""转输流量"命令,设置好沿线
流量、集中流量及转输流量。然后才能自动计算出管径。

　　(9)"水力查询"命令

　　功能:查询管段的水力计算结果。

　　菜单:"管线"→"给水管线"→"水力查询"。

　　命令行:GetSupwtCal。

　　运行命令后,命令行有如下显示:

选择给水管线:用户选择要查询水力计算结果的给水管线。

给水管水力计算结果查询如图 3.28 所示。

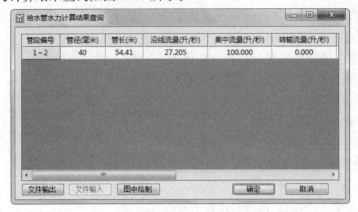

图 3.28　给水管水力计算结果查询

注意:"文件输出"是指把当前表格输出到 Microsoft Excel 文件或 Microsoft Word 文件中。"图中绘制"是指把当前表格绘制在当前图中。

(10)"显示修改"命令

功能:修改给水管线的显示属性

菜单:"管线"→"给水管线"→"显示修改"。

命令行:ChgSupwtView。

运行命令后,命令行有如下显示:

　　选择给水管线[全选(X)]:

说明:当纵断面图选项从平面图变成纵断面图,则出现图 3.29 所示的界面。

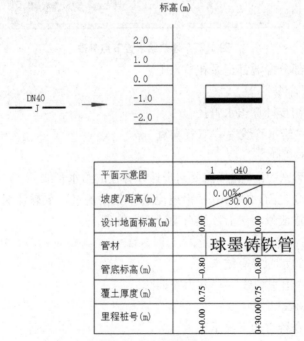

图 3.29　纵断面图

注意:给水管线为自定义对象,提供了纵断面图显示。在纵断面图显示状态也可以修改数据,能自动更新自定义对象。

(11)"管线属性"命令

功能:修改给水管线属性。

菜单:"管线"→"给水管线"→"管线属性"。

命令行:ChgSupwtParm。

说明:运行命令后,出现如图3.30所示对话框。

图3.30　修改给水管线属性

注意:详细参数解释可参照"绘给水管"命令。

(12)"管道材料"命令

功能:修改管道材料、粗糙系数等信息。

菜单:"管线"→"给水管线"→"管道材料"。

命令行:ChgSupwtMat。

运行命令后,命令行有如下显示:

　　选择给水管线:用户选择给水管线。

运行命令后,出现如图3.31所示的对话框。

图3.31　修改给水管道

①选择管材:用户选择新的管材。

②粗糙系数:用户输入粗糙系数。

③标注字串:用户输入标注字串。

④使用"管材设置"命令可以添加或修改管材参数。详细参数可参照"管材设置"命令。

(13)"显示修改"命令

功能:修改给水管线的显示属性。

菜单:"管线"→"给水管线"→"显示修改"。

命令行:ChgSupwtView。

运行命令后,命令行有如下显示:

选择修改[现状(0)/显示节点号(1)/显示标注(2)]<0>:用户可选择输入快捷数字
0、1、2。

现状(0):修改是否为现状管线。

显示节点号(1):修改是否显示节点编号。

显示标注(2):修改是否显示标注。

(14)"计算工具"命令

功能:计算水力。

菜单:"管线"→"给水管线"→"计算工具"。

命令行:CalcPipeDlg。

说明:运行命令后,出现如图3.32所示的窗口。

图3.32 水力计算工具

注:用户选择计算公式,然后输入系数、流量、管径及管长,程序计算出流速、千米损失、水力坡降、水头损失等数据。

► 3.2.2 "雨水管线"命令

(1)"绘雨水管"命令

功能:绘制雨水管。

菜单:"管线"→"雨水管线"→"绘雨水管"。

命令行:MakeRainLine。

说明:运行命令后,出现如图3.33所示的窗口。

图 3.33 绘雨水管线

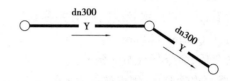

图 3.34 雨水管线

选定合适的参数后,"确定"命令行,有如下显示:

选择[选实体(0)/描边界(1)]<1>:

图 3.34 是参照窗口参数画出的雨水管线。

注意:

①窗口显示参数可参照"绘给水管"命令。

②粗糙系数:雨水管水力计算主要使用曼宁公式,因此粗糙系数是指曼宁系数 n。

③暴雨公式参数用"参数设置"命令设置。

(2)"汇水面积"命令

功能:设置所选检查井的地面汇流面积。

菜单:"管线"→"雨水管线"→"汇水面积"。

命令行:ChgRainArea。

运行命令后,命令行有如下显示:

选择雨水管井:用户选择雨水管井。

选择[数值(0)/选实体(1)/描边界(2)]<2>:用户输入 0、1、2 。

数值(0):直接输入该节点的地面汇流面积值。

选实体(1):通过选择闭合多段线、圆、填充等实体,计算出其面积,作为地面汇流面积值。

描边界(2):通过描绘边界,计算出其面积,作为地面汇流面积值。

(3)"转输面积"命令

功能:修改所选检查井的转输面积。

菜单:"管线"→"雨水管线"→"转输面积"。

命令行:ChgRainUpFlux。

运行命令后,命令行有如下显示:

选择雨水管井:用户选择雨水检查井。

输入该节点的转输面积<0.00>:用户输入该节点的转输面积。

注意:

①软件通过地面汇流面积及转输面积,集流时间等参数,运用曼宁公式求出管径、流速、水力坡降等。

②转输面积只需输入上游管线经过本管线的转输面积。本管线中的转输面积无须输入,软件会自动累加。

③转输面积的汇流时间,可通过"管井参数"命令修改。

(4)"管井参数"命令

功能:修改管井参数。

菜单:"管线"→"雨水管线"→"管井参数"。

命令行:ChgRainWellParm。

运行命令后,命令行有如下显示:

　　选择雨水管节点:用户选择雨水管节点。

选择后,出现如图3.35所示的窗口,用户可以设置该节点的相关参数。管道的大部分参数都记录在节点上。

图3.35 修改雨水检查井参数

①检查井编号:修改该检查井的编号。

②地面标高:通过该编辑框修改地面标高。

③管底标高(上):修改该节点上游管段的管底标高。

④管底标高(下):修改该节点下游管段的管底标高。

⑤管径(上):修改该节点上游管段的管径。

⑥宽度(上):修改该节点上游管段的方形管宽度。

⑦地面汇流面积:修改该节点的地面汇流面积。

⑧地面汇流时间:修改该节点的地面汇流时间。

⑨地面径流系数:修改该节点的地面径流系数。

⑩转输汇流面积:修改该节点上游管线的经过本管线的汇流面积。

⑪转输汇流时间:修改该节点上游管线的经过本管线的汇流时间。

⑫转输径流系数:修改该节点上游管线的经过本管线的平均径流系数。

(5)"水力查询"命令

功能:查询管段的水力计算结果。

菜单:"管线"→"雨水管线"→"水力查询"。

命令行:GetRainCal。

运行命令后,命令行有如下显示:

　　选择雨水管线:用户选择要查询水力计算结果的雨水管线。

说明:运行命令后,出现如图3.36所示的窗口:

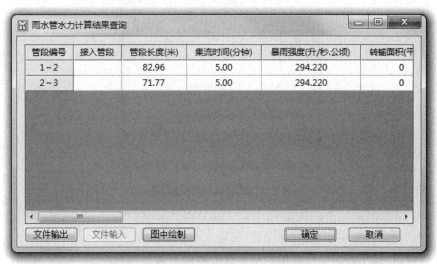

图3.36　雨水管水力计算结果查询

①文件输出:把当前表格输出到 Microsoft Excel 文件或 Microsoft Word 文件中。

②图中绘制:把当前表格绘制在当前图中。

(6)"雨量计算"命令

功能:雨量计算工具。

菜单:"管线"→"雨水管线"→"雨量计算"。

命令行:RainCalc。

说明:运行命令后,出现如图3.37所示窗口。

图3.37　雨水量计算工具

注意：用户在窗口中输入粗糙系数、充满度、管径及面积，程序计算出暴雨强度、雨水量、流速、水力坡降等数据。

(7)"暴雨参数"命令

功能：设置暴雨强度公式的参数等。

菜单："管线"→"雨水管线"→"暴雨参数"。

命令行：SetRainParm。

说明：运行命令，出现如图3.38所示的窗口。

图3.38　暴雨计算参数设置

注意：

①用户选择自己所在地，选择暴雨公式，输入相关参数。

②参数修改：用于添加或修改用户所在地的暴雨公式及参数。

► 3.2.3　"污水管线"命令

(1)"绘污水管"命令

功能：绘制污水管。

菜单："管线"→"污水管线"→"绘污水管"。

命令行：MakeSewgLine。

说明：运行命令后，出现如图3.39所示的窗口。

图3.39　绘污水管线

选定合适的参数后，"确定"命令行，有如下显示：

选择[选实体(0)/描边界(1)]<1>:

图 3.40 是参照窗口参数画出的污水管线。

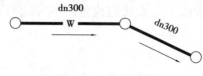

图 3.40　污水管线

注意：

①窗口显示参数可参照"绘给水管"命令。

②粗糙系数：污水管水力计算主要使用曼宁公式，因此粗糙系数是指曼宁系数 n。

（2）"采集标高"命令

功能：自动采集污水管渠的地面标高。

菜单："管线"→"污水管线"→"采集标高"。

命令行：GetSewgElev。

说明：图中必须存在现状高程点。

运行命令后，命令行有如下显示：

选择污水管线:用户先选择污水管线。选择完后，回车，软件自动计算污水管线各节点的
地面标高。

（3）"平均流量"命令

功能：设置所选检查井的本段平均流量。

菜单："管线"→"污水管线"→"平均流量"。

命令行：ChgSewgOwnFlux。

运行命令后，命令行有如下显示：

选择输入方式[流量数值(0)/按人口计算流量(1)/按用地计算流量(2)]<1>:用户
选择输入沿线流量的方式。

流量数值(0):直接输入平均流量的数值。

按人口计算流量(1):按人口计算流量，软件用人口密度乘以范围面积，再乘以污水
定额，计算出平均流量，然后输入数值。

按用地计算流量(2):按用地计算流量，软件用各类用地的面积比流量乘以面积，计
算出平均流量，然后输入数值。

（4）"转输流量"命令

功能：修改所选检查井的转输流量。

菜单："管线"→"污水管线"→"转输流量"。

命令行：ChgSewgUpFlux。

运行命令后，命令行有如下显示：

选择污水管井:用户选择选择污水管井。

输入该节点的转输流量(升/秒)<0.00>:用户输入该节点的转输流量。

软件通过(平均流量+转输流量)×总变化系数+集中流量得到总流量，然后通过公式

求出管径、流速、水头损失等。

注意：

①该命令用于设置人工分配计算获得的转输流量。

②本转输流量是指非本管线的上游转输流量。本管线的转输流量会自动累加，无须设置。

(5)"管井参数"命令

功能：修改管井参数。

菜单："管线"→"污水管线"→"管井参数"。

命令行：ChgSewgWellParm。

说明：运行命令后，出现如图 3.41 所示的窗口。

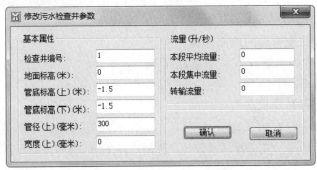

图 3.41　修改污水检查井参数

①检查井编号：修改该检查井的编号。

②地面标高：通过该编辑框修改地面标高。

③管底标高(上)：修改该节点上游管段的管底标高。

④管底标高(下)：修改该节点下游管段的管底标高。

⑤管径(上)：修改该节点上游管段的管径。

⑥宽度(上)：修改该节点上游管段的方形管宽度。

⑦本段平均流量：修改该节点的本段平均流量。

⑧本段集中流量：修改该节点的集中流量。

⑨转输流量：修改该节点上游管线经过本管线的转输流量。

本转输流量是指非本管线的上游转输流量，本管线的转输流量会自动累加，无须设置。

(6)"水力查询"命令

功能：查询管段的水力计算结果。

菜单："管线"→"污水管线"→"水力查询"。

命令行：GetSewgCal。

运行命令后，命令行有如下显示：

　　选择污水管线：用户选择要查询水力计算结果的污水管线。

说明：运行命令后，出现如图 3.42 所示窗口。

①文件输出：把当前表格输出到 Microsoft Excel 文件或 Microsoft Word 文件中。

②图中绘制：把当前表格绘制在当前图中。

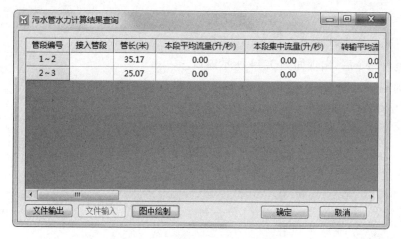

图 3.42 污水管水力计算结果查询

▶ 3.2.4 "管材设置"命令

功能:设置管材的规格。

菜单:"管线"→"管材设置"。

命令行:ChgPipeMat。

运行命令后,出现如图 3.43 所示窗口。

图 3.43 管材规格

①用户可以添加新的管材,可以对每一种管材修改管径数据。

②按"确定"钮,所有参数保存到文件。

▶ 3.2.5 "电力线"命令

(1)"绘电力线"命令

功能:绘制电力线。

菜单:"管线"→"电力线路"→"绘电力线"。

命令行:MakePowerLine。

说明:运行命令后,出现如图3.44所示窗口。

单击"确定"后,提示:

选择[选实体(0)/描边界(1)]<1>:用户选择0、1。

选实体(0):选择直线、多段线实体,程序把其转换为电力线。

描边界(1):用户输入多个点,程序把点连接起来,生成电力线。

图3.45是参照窗口参数画出的电力线。

图3.44 绘制电力线

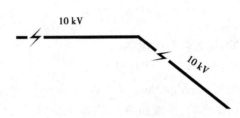

图3.45 电力线

注意:

①线路名称:用户输入电力线路的名称。

②线路编号:用户输入电力线路的编号。

③电压等级:用户选择电压的等级。

④线路回数:用户输入线路回数。

⑤线路类型:用户输入线路类型。

⑥标注字串:用户输入标注字串。

⑦现状管线:选择是否为现状电力线路。

⑧显示标注:选择是否显示标注。

(2)"采集标高"命令

功能:自动采集电力线的地面标高。

菜单:"管线"→"电力线路"→"采集标高"。

命令行:GetPowerElev。

运行命令后,命令行有如下提示:

　　选择电力线:用户选择电力线。选择完后,回车,软件自动计算电力线各节点的地面标高。

(3)"管线属性"命令

功能:修改电力管线属性。

菜单:"管线"→"电力线路"→"管线属性"。

命令行:ChgPowerParm。

说明:运行命令后,出现如图3.46所示窗口。

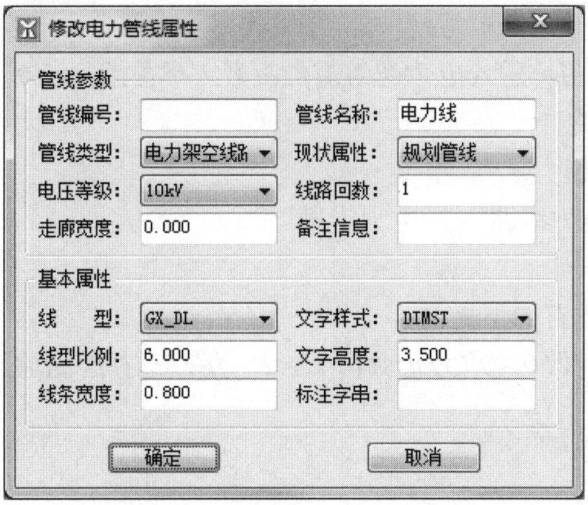

图3.46 修改电力管线属性

(4)"显示修改"命令

功能:修改电力线路的显示属性

菜单:"管线"→"电力线路"→"显示修改"。

命令行:ChgPowerView。

运行命令后,命令行有如下显示:

  选择电力线路[全选(X)]:用户选择电力线路,输入 X 选择全部电力线路。

说明:修改电力线显示属性中有电压标注、节点编号、高压走廊、纵断面图在程序中的显示和隐藏,当纵断面图选项从平面图变成纵断面图,则出现如图3.47所示的变化。

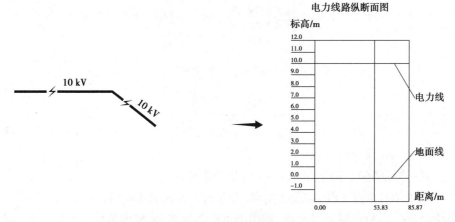

图3.47 纵断面图

注意:电力线为自定义对象,提供了纵断面图显示。在纵断面图显示状态也可以修改数据,能自动更新自定义对象。

(5)"造价参数"命令

功能:修改造价参数。

菜单:"管线"→"电力线路"→"造价参数"。

命令行:ChgPowerCost。

运行命令后,命令行有如下提示:

    选择电力线:用户选择电力线。

    输入造价参数:用户输入电力线路造价参数。单位为:元/米。

(6)"电力走廊"命令

功能:绘制电力走廊。

菜单:"管线"→"电力线路"→"电力走廊"。

命令行:PowerOther。

运行命令后,命令行有如下提示:

    绘制[电力路灯线(0)/电力走廊(1)]<1>:用户选择绘制电力走廊。

▶ 3.2.6 "电信线"命令

(1)"绘电信线"命令

功能:绘制电信管线。

菜单:"管线"→"电信线路"→"绘电信线"。

命令行:MakeTelecLine。

说明:运行命令后,出现如图3.48所示窗口。

图3.48 绘制电信管线

按下"确定"后,命令行提示:

    选择[选实体(0)/描边界(1)]<1>:用户选择0、1。

    选实体(0):选择直线、多段线实体,程序把其转换为电信线。

    描边界(1):用户输入多个点,程序把点连接起来,生成电信线。

图3.49是参照窗口参数画出的电力线。

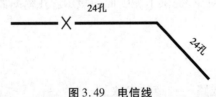

图3.49 电信线

注意:

①线路名称:用户输入电信线路的名称。

②线路编号:用户输入电信线路的编号。

③电压:用户选择电压值。

④管孔数量:用户输入管孔数量。

⑤管线类型:用户输入管线类型。

⑥标注字串:用户输入标注字串。

⑦现状管线:选择是否为现状管线。

⑧显示标注:选择是否显示标注。

(2)"管线属性"命令

功能:修改电信管线属性。

菜单:"管线"→"电信线路"→"管线属性"。

命令行:ChgTelecParm。

说明:运行命令后,出现如图3.50所示窗口。

图 3.50　修改电信管线属性

(3)"管孔数量"命令

功能:修改电信管线的管孔数量。

菜单:"管线"→"电信线路"→"管孔数量"。

命令行:ChgTelecHoles。

运行命令后,命令行有如下提示:

选择电信线:用户选择电信线。

输入管孔数量<24>:用户输入管孔数量。

(4)"微波通道"命令

功能:绘制微波通道。

菜单:"管线"→"电信线路"→"微波通道"。

命令行:TelecOther。

运行命令后,命令行有如下提示:

绘制[微波通道(0)/收发信区(1)] <0>:

输入第一点或[修改(G)/选实体(O)]:用户绘制微波通道。

▶ **3.2.7 "管线编辑"命令**

(1)"纵向移动"命令

功能:整体移动管线的 Z 坐标,管线包括给水、雨水、污水、雨污合流、电力、电信等管线。

菜单:"管线"→"管线编辑"→"纵向移动"。

命令行:ChgPipeElev。

运行命令后,命令行有如下提示:

选择管线:用户选择管线。

输入沿 Z 方向移动的距离<0.00>:用户输入沿 Z 方向移动的距离。正值向上移动,
负值向下移动。

(2)"管线打断"命令

功能:将管线从节点处打断。支持的管线包括给水、雨水、污水、雨污合流、电力、电信等
管线。

菜单:"管线"→"管线编辑"→"管线打断"。

命令行:PipeBreak。

运行命令后,命令行有如下提示:

选择需要断开的管井:用户选择需要断开的管井节点。

(3)"管线连接"命令

功能:把两条管线连接成一条管线。支持的管线包括给水、雨水、污水、雨污合流、电力、
电信等管线。

菜单:"管线"→"管线编辑"→"管线连接"。

命令行:PipeLink。

运行命令后,命令行有如下提示:

选择管线:用户选择需要连接的第一条管线。

选择管线:用户选择需要连接的第二条管线。

注意:程序自动将第二条管线的起点连接到第一条管线的最后。

(4)"管线反向"命令

功能:将管线的方向前后互换。

菜单:"管线"→"管线编辑"→"管线反向"。

命令行:PipeResv。

运行命令后,命令行有如下提示:

选择管线:用户选择需要反向的管线。

(5)"插入节点"命令

功能:在管线上插入新的管井节点。

菜单:"管线"→"管线编辑"→"插入节点"。

命令行:PipeInsWell。

运行命令后,命令行有如下提示:

　　选择管线:用户选择需要插入管井节点的管线。

　　点取要插入管井节点的位置:用户点取要插入管井节点的位置,一定要确保点取的点在管线上。可使用交点捕捉。

(6)"删除节点"命令

功能:删除管线上的节点。

菜单:"管线"→"管线编辑"→"删除节点"。

命令行:PipeDelWell。

运行命令后,命令行有如下提示:

　　选择需要删除的管井节点:用户选择需要删除的管井节点。

(7)"修改管长"命令

功能:修改管线长度。

菜单:"管线"→"管线编辑"→"修改管长"。

命令行:ChgPipeLength。

运行命令后,命令行有如下提示:

　　输入管线长度<50.00>:用户输入管线的长度。

　　选择管线标注文字:选择需要修改的管线的文字标注。选择后修改成功系统提示:"修改管线长度成功"。

(8)"修改管坡"命令

功能:修改管线坡度。

菜单:"管线"→"管线编辑"→"修改管坡"。

命令行:ChgPipePodu。

运行命令后,命令行有如下提示:

　　选择[管底不变(0)/管顶平接(1)/管底平接(2)]<1>:用户选择管线对齐方式。

　　新的坡度为千分之<4.00>:用户输入新的管线坡度。

　　选择管线标注文字:用户选择管线标注的文字,确认后系统提示:"修改管线坡度成功。"

(9)"统计长度"命令

功能:统计多个管线的总长度。

菜单:"管线"→"管线工具"→"统计长度"。

命令行:PipeLength。

运行命令后,命令行有如下提示:

　　选择管线:用户选择管线,程序自动统计所选多个管线的总长度。

(10)"绘箭头"命令

功能:绘制排水方向及箭头。

菜单:"管线"→"管线工具"→"绘箭头"。

命令行:MKARROW。

运行命令后,命令行有如下提示:

选择[0-多段线箭头 1-两点插入箭头块 2-参照插入箭头块]<0>:用户选择画箭头的方式。

选"0"则绘制多个拐点形式的箭头,箭头为多段线,不能缩放比例。

选"1"则通过输入两点,绘制箭头,箭头为图块实体。

选"2"则通过选择参照实体,生成与其方向一致的箭头,箭头为图块实体。

注意:

①箭头的大小是通过绘图比例来控制的,用户可以通过"参数设置"命令,调整图纸比例。

②只有箭头为图块实体,才可以使用"比例缩放"命令调整箭头的大小。

3.3 土 方

▶ 3.3.1 "生成方格"命令

功能:生成方格网,用于土方计算。

菜单:"土方"→"生成方格"。

命令行:LzxTfGrid。

运行命令后,命令行有如下显示:

网格间距(20.0):用户输入土方计算的方格网的间距。

选择闭合的用地红线[回车输入两角点]:用户选择闭合的多段线,如果用户回车,则通过输入左上角和右下角两个点生成闭合多段线。

说明:使用该命令生成的方格网,其行数、列数、左上角坐标点、方格网的宽度等参数都会被保存在当前图形文件中,所选的闭合多段线,会自动转为用地红线。

▶ 3.3.2 "采集现高"命令

功能:根据高程点自动采集现状标高。

菜单:"土方"→"采集现高"。

命令行:LzxAutoGetXZ。

运行命令后,命令行有如下显示:

选择[0-使用最接近高程点数值 1-根据高程点计算数值](0):用户选择现状标高的采集方式。

选"0",则表示现状标高值使用网格顶点最接近的高程点的数值。

选"1",则表示现状标高值使用网格顶点周围高程点,计算出标高数值。

说明:使用该命令之前,必须先生成土方网格。

▶ 3.3.3 "采集设高"命令

功能:根据标高块自动采集设计标高。

菜单:"土方"→"采集设高"。

命令行:LzxAutoGetSJ。

说明:同"采集现高"。

► 3.3.4 "修改标高"命令

功能:修改土方方格单个顶点的现状标高或设计标高。

菜单:"土方"→"修改标高"。

命令行:LzxChgSinHgt。

运行命令后,命令行有如下显示:

选择修改[现状标高(0)/设计标高(1)]⟨0⟩:用户选择修改现状标高还是设计标高。

点取网格交点:用户点取网格交点。

输入标高值⟨24.18⟩:用户输入该网格交点的标高值。

► 3.3.5 "计算土方"命令

功能:计算并绘制所有方格的高差、填方量、挖方量、填方面积、挖方面积、零线及方格编号。

菜单:"土方"→"计算土方"。

命令行:LzxTfCal。

说明:当挡土墙处的同一网格顶点出现两个现状标高或设计标高值时,可在标高数字后面加"D"或"L"以示区分("D"表示下面方格标高,"L"表示左面方格标高)。例如:一个方格网的交点,其方格左标高值为"33.0",则写成"33.0L"。同时注意:

①必须先输入完成所有现状标高和设计标高后,才能使用该命令。

②当用地红线有效时,只计算用地红线范围以内的土方量及填挖面积。

③用户不能移动设计标高和现状标高位置,也不能更改标高数字的图层名,但可以修改设计标高和现状标高数值。

④当红线范围内有挡土墙时,也可以考虑分片、分区计算。

► 3.3.6 "土方统计"命令

功能:统计土方量。

菜单:"土方"→"土方统计"。

命令行:LZXTFTJ。

说明:先使用"土方计算"命令,把所有方格的土方量计算出来后,再使用该命令统计土方总量。

该命令能统计每一行的填方量、挖方量、填方面积、挖方面积。统计表中最下面一行为总计。

注意:使用该命令之前,必须先用"土方计算"命令。

▶ 3.3.7 "土石方表"命令

功能:依据"土方统计"命令生成的土方总量数值,生成土石方平衡表。

菜单:"土方"→"土石方表"。

命令行:LzxTfBiao。

运行命令后,命令行有如下显示:

  输入填方量(0.00):用户输入填方总量,缺省值为"土方统计"命令生成的填方总量数值。

  输入挖方总量(0.00):用户输入挖方总量。缺省值为"土方统计"命令生成的挖方总量数值。

  输入位置点:用户输入表格的插入位置点。

▶ 3.3.8 "最优设高"命令

功能:计算最优设计标高。

菜单:"土方"→"最优设高"。

命令行:LzxLeastSqu。

运行命令后,命令行有如下显示:

  选择土方对象[回车全选]:

说明:自动优化计算的前提是必须先有现状标高和设计标高,设计标高数值可以不准确。

▶ 3.3.9 "标高增减"命令

功能:把标高值增加或减少一定数值。

菜单:"土方"→"标高增减"。

命令行:LzxChgTfHgt。

运行命令后,命令行有如下显示:

  选择更改[现状标高(0)/设计标高(1)]〈1〉:

  输入增减数值〈0.50〉:用户输入增加或减少的值,正为增加,负为减少。

  选择土方对象[回车全选]:用户选择需增加或减少一定值的数字文字实体,可多选。

▶ 3.3.10 "土方放坡"命令

功能:土方放坡。

菜单:"土方"→"土方放坡"。

命令行:LZXTFPODU。

选择用地红线或[设置放坡参数(B)]:用户选择用地红线,程序依据所选用地红线及放坡参数,自动生成设计等高线。设计等高线为三维多段线,"采集设高"命令能够识别该设计等高线。如果输入 B,则设置放坡参数。

▶ 3.3.11 "显示修改"命令

功能:土方对象显示设置。

菜单:"土方"→"显示修改"。

命令行:LzxTfShow。

运行命令后,命令行有如下显示:

选择显示[全部(0)/现高(1)/设高(2)/高差(3)/编号(4)/圆圈(5)/土方(6)/零线(7)]〈1〉:用户选择土方内容。

选择[隐藏(0)/显示(1)]〈1〉:用户选择隐藏还是显示。

选择土方对象[回车全选]:用户选择土方对象,回车选择全部土方对象。

▶ 3.3.12 "生成模型"命令

功能:依据土方网格的现状标高和设计标高,生成现状和设计两个三维地表模型。

菜单:"土方"→"生成模型"。

命令行:MakeLzxMesh。

运行命令后,命令行有如下显示:

输入 Z 方向缩放比例:用户输入 Z 方向缩放比例。

3.4 竖 向

标高标注,计算标高、坡度,等高线绘制,排水方向标注等在绘制竖向图中是必不可少的。

在城市规划工作中,合理利用地形是实现工程安全合理、经济实用、美观宜人的重要途径。有时为了追求某种形式的构图而忽略地形的起伏变化,就会破坏自然地形的景观,浪费大量的土石方工程费用,甚至可能造成塌方和滑坡等灾害。各单项工程的规划设计应相互配合,统一标高,相互衔接。这就需要在详细规划阶段,将城市用地的一些主要控制标高综合考虑,使建筑、道路、排水的标高相互配合。

城市用地竖向规划的内容主要如下:

①结合城市用地选择,分析研究自然环境,充分利用地形,尽量少占或不占良田。对一些需要经过工程处理才能用于城市建设的地段,提出工程措施方案要求。

②综合解决城市规划建设用地的各项关键性控制标高问题,如防洪堤、排水口、桥梁和道路交叉口。

③使城市道路的纵坡度既能满足交通的要求,又能结合地形地貌。

④合理可靠地解决城市建设用地的地面排水。

⑤经济、科学地进行山区土地的土方工程,尽可能地达到填方、挖方平衡,避免填方无土源、挖方土无出路或填挖方土运距过大。

⑥合理利用地形,注意城市环境的立体空间美观要求。

▶ 3.4.1 "标高标注"命令

功能:标注道路交叉口、地面等标高。

菜单:"竖向"→"标高标注"。

命令行:DIMOUTBG

运行命令后,命令行有如下显示:

指定位置点或[精度(P)/字体高度(H)/其他(Z)]:用户输入标注的位置点。

选"精度(P)"则修改标注标高的小数点后位数。

选"字体高度(H)"则修改标高的文字高度值。

选"其他(Z)",则提示缺省值是否使用Z坐标。

输入高度值(0.00):用户输入高度值。

说明:使用该命令生成的标高块为属性图块,内含属性定义(ATTEDIT)实体,用户不能炸开它,否则会丢失信息。可双击该标高块,修改标高值。如需修改标高块的式样,可打开"DAT/SYSTEM. DWG"文件,修改其中的"室外标高"图块,如图3.51所示。

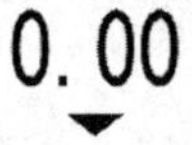

$$0.00$$
▼

图 3.51 标高块

▶ 3.4.2 "块缩放"命令

功能:对所选控制指标块进行放大或缩小。

菜单:"竖向"→"块缩放"。

命令行:CHGBG。

运行命令后,命令行有如下显示:

输入缩放比例或[修改字高(H)]<1.00>:2

选择标高块[回车全选]:找到1个

输入缩放的比例(1.00):用户输入缩放比例,注意该数值必须大于0。

选择指标块:用户选择需进行缩放的控制指标块,回车。

▶ 3.4.3 "计算标高"命令

功能:根据起点、终点两点的标高值,计算两点直线上任意一点的标高,并把标高值标注于图上。

菜单:"竖向"→"计算标高"。

命令行:CALBG。

运行命令后,命令行有如下显示:

输入起点:

输入起点标高<0.00>:

输入终点或[通过坡度求标高(P)]:

输入终点标高<0.00>:10

输入计算点位置：

标高:6.736,坡度:34.8294%,坡长:19.339

输入起点:用户输入起点位置。

输入终点:用户输入终点位置。

输入起点标高:用户输入起点的标高值。

输入终点标高:用户输入终点的标高值。

输入计算点的位置:用户输入计算点的位置,该位置点必须大约位于起点、终点两点决定直线附近。

▶ 3.4.4 "道路坡度"命令

功能:生成道路坡度、坡长及方向箭头。

菜单:"竖向"→"道路坡度"。

命令行:RDPODU。

运行命令后,命令行有如下显示:

选择第一标高块:

选择第二标高块:

输入距离或[标注方式(T)/计算距离(D)]<21.88>:

输入坡度值[%]<45.71>:

选择第一标高块:用户选择道路上的第一个标高块。

选择第二标高块:用户选择道路上的第二个标高块。

输入距离<100.00>:用户输入两个标高块之间的道路距离。

▶ 3.4.5 "坡度标注"命令

功能:标注坡度、坡长及方向箭头。

菜单:"竖向"→"坡度标注"。

命令行: DIMPODU。

运行命令后,命令行有如下显示:

指定第一点或[参数(P)]:

指定第二点:

输入第一点标高<0.00>:1

输入第二点标高<0.00>:3

输入坡度值[%]<38.34>:

指定第一点或[参数(P)]:用户输入第一点位置。选"P",则选择标注的类型,提供"只标坡度""标坡度坡长""加前缀"和"上下标注"等四种选择。

第二点:用户输入第二点位置。

输入第一点标高<0.00>:输入第一点标高值。

输入第二点标高<0.00>:输入第二点标高值。

3.4.6 "箭头反向"命令

功能:把生成的道路坡度箭头方向反向。

菜单:"竖向"→"箭头反向"。

命令行:MIRARROW。

说明:运行命令后,出现如图 3.52 所示窗口。

图 3.52 坡度箭头

选择需反向的坡度箭头:找到 1 个

3.4.7 "坡度缩放"命令

功能:把坡度缩放一定的比例。

菜单:"竖向"→"坡度缩放"。

命令行:PODUSCALE。

说明:运行命令后,出现如图 3.53 所示窗口。

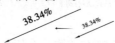

图 3.53 坡度标注及箭头

选择需缩放的坡度标注及箭头:找到 1 个

选择需缩放的坡度标注及箭头:指定对角点:找到 1 个,总计 2 个

输入缩放比例<1.00>:2

3.4.8 "修改标高"命令

功能:修改标高块中的标高值。

菜单:"竖向"→"修改标高"。

命令行:CHGDIMHGT。

运行命令后,命令行有如下显示:

选择标高块:用户选择标高块。

输入标高(0.00):用户输入该标高值。

使用该命令修改标高后,则与该标高值相关的所有坡度、坡长都会自动更改。

标高块为属性图块,来自"DAT\SYSTEM. DWG"文件中的"室外标高"块,用户可以对该图块进行修改。

3.4.9 "室内标高"命令

功能:生成室内标高。

菜单:"竖向"→"室内标高"。

命令行:DIMINBG。

运行命令后,命令行有如下显示:

指定位置点或[精度(P)/字体高度(H)/其他(Z)]:用户输入标注的位置点。

选"精度(P)"则修改标注标高的小数点后位数。

选"字体高度(H)"则修改标高的文字高度值。

选"其他(Z)"则提示缺省值是否使用 Z 坐标。

输入高度值(0.00):用户输入高度值。

该命令生成的标高块为属性图块,内含属性定义(ATTEDIT)实体,用户不能炸开它,否则会丢失信息。可双击该标高块,修改标高值。如需修改标高块的式样,可打开"DAT/SYS-TEM.DWG"文件,修改其中的"室内标高"图块。

▶ 3.4.10 "字转标高"命令

功能:把普通文字转为标高,把现状高程点转为标高,把标高转为现状高程点。

菜单:"竖向"→"字转标高"。

命令行:HGTTOLSD。

运行命令后,命令行有如下显示:

选择[标高转高程点(0)/高程点转标高(1)/数字转标高(2)]<2>:

用户选择转换类型。

选"标高转高程点(0)",则把标高转换为高程点。

选"高程点转标高(1)",则把高程点转换为标高。

选"数字转标高(2)",则把普通数字转换为标高。

▶ 3.4.11 "排水方向"命令

功能:插入排水方向图块。

菜单:"竖向"→"排水方向"。

命令行:DIMPSDIR。

说明:运行命令后,结果如图 3.54 所示。

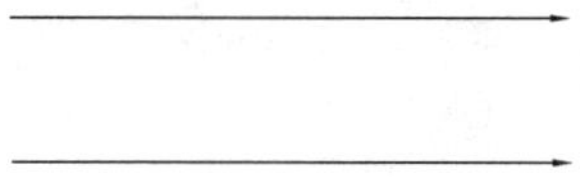

图 3.54 排水方向

插入点:用户输入插入排水方向图块的位置点。

输入方向点:用户输入排水方向。

▶ 3.4.12 "绘设计等高线"命令

功能:绘设计等高线。

菜单:"竖向"→"绘设计等高线"。

命令行:DRAWSJDGX。

运行命令后,命令行有如下显示:

指定第一个点或[间距(D)/选曲线(O)]

用户可以选择间距(D)来调整等高线之间的距离,还可以选择选曲线(O)来将已经绘制好的曲线转换成带有高程数据的等高线,可以被软件识别,之后就可以借助其他命令生成高程分析图。

3.5 图 库

▶ **3.5.1 "图库管理"命令**

功能:一个方便且功能强大的图库管理工具。用户可以任意调用图块或图块入库,可以对图块添加注释,控制图块插入的方式和插入后的图层等。一个图库为一个 DWG 文件,不需要幻灯片文件(*. SLD)。

菜单:"图库"→"图库管理"。

命令行:SLIB。

说明:运行命令后,出现如图 3.55 所示的对话框。

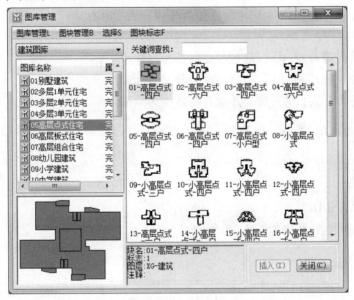

图 3.55　图库管理

各菜单命令解释如下:

①新建图库:用户使用该命令新建一个空的图库,可以向其中添加图块。

②图库改名:把图库的名称更改为另一名称。

③删除图库:把指定图库删除。

④只读设置:把所选图库设置为只读,不能往其中添加图块。

⑤只读取消:取消所选图库的只读属性。

⑥设置图库目录:用户设置新的图库目录,注意程序不保存该设置。

⑦添加新块:向所选图库中添加新的图块。

⑧批量 block 入库:把当前图形中所有图块一次性插入当前图库中。用户首先把需要入库的图块全部插入当前图形中,然后用该命令全部入库。

⑨图块改名:更改图块的名称。

⑩删除图块:把所选图块从图库中删除。

⑪图块复制:把一个图库中的图块复制到另一个图库中,首先选择需复制的图块,然后运行此命令,再到目标图库中,使用"图块粘贴"命令。

⑫图块粘贴:把复制的图块粘贴到指定图库中。

⑬插入图块:把所选图块插入当前图形中。

⑭全部选择:把当前图库中所有图块全部选择上。

⑮全部清除:清除所选图块的选择。

⑯选择:选择单个或多个图块。

⑰清除:清除单个或多个图块的选择

⑱添加标志:运行此命令后,出现如图 3.56 所示的对话框。

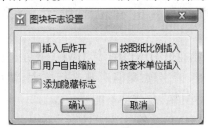

图 3.56　图块标志设置

插入后炸开:如果设置此标志,则该图块插入当前图形后,自动炸开。

按图纸比例插入:如果设置此标志,则该图块插入当前图形时,其大小自动根据图纸比例确定。

用户自由缩放:如果设置此标志,则该图块插入时,用户可以自由缩放其比例。

按毫米单位插入:如果设置此标志,则图块插入时,会以毫米单位(放大 1 000 倍)缩放。

⑲清除标志:清除图块的插入标志,图块插入时,会按 1∶1 插入。

⑳添加注解:向指定图块添加注解。

㉑清除注解:清除所选图块的注解。

㉒添加图层名:向所选图块添加图层名称,图块插入时,自动插入该图层中去。

㉓清除图层:清除所选图块的图层名称,没有图层名称的图块,插入当前图层。

用户可以自己手工制作图库文件,只需用 AutoCAD 新建一个文件,然后把所有图块插入当前图形中,再运行"BLOCKICON",最后把它保存到本软件 LIB 子目录中。

如果出现的图块为黑底白线,则应修改当前模型空间背景颜色为白色即可。

▶ 3.5.2 "插入图框"命令

功能:在对话框中,用户选择图幅大小、图纸比例、横竖方式等生成图框。

菜单:"图库"→"插入图框"。

命令行:TUKUAN。

说明:运行命令后,出现如图3.57对话框。

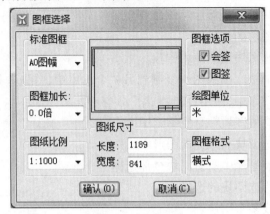

图3.57　图框选择

用户选择标准图框,如果要加长,则选择加长的倍数,选择图纸比例,是否有会签、图签、图框,是横式还是竖式。选择完后,单击"确认"按钮,然后在图上输入插入的位置点。用"ZOOM E"命令缩小当前视图。

如果用户需要修改图签,则打开"DAT\图签.DWG"文件进行修改并存盘。修改该文件中的属性定义(ATTDE)实体时,请注意:只能对其进行放大、缩小、移动位置或改变字型等,不能更改文字内容,否则"填写图签"命令将不能辨识。

如果修改会签,同理修改"DAT\会签.DWG"文件。

▶ 3.5.3　"填写图签"命令

功能:提供对话框,快速方便地填写图签内容。

菜单:"图库"→"填写图签"。

命令行:TUQIAN。

说明:运行命令后,出现如图3.58所示的对话框。

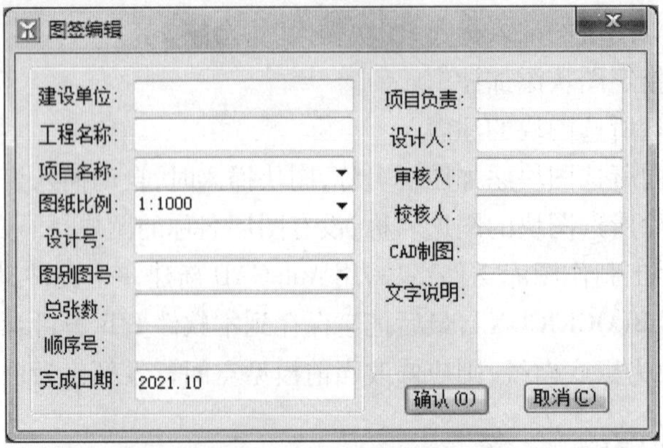

图3.58　图签编辑

选择图签块:用户选择图签。

用户全部填写完后,单击"确认"按钮。

▶ 3.5.4 "坐标网"命令

功能:生成测量坐标网。

菜单:"图库"→"坐标网"。

命令行:HZBW。

运行命令后,命令行有如下显示:

> *选择图框的内框线[回车输对角点]:用户选择图框的内框线(先用"插入图框"命令生成图框)。*
>
> *如果回车则输入左下角坐标点和右上角坐标点。*

网格间距(100):用户输入网格间距,通常是 100、200 或 500。

▶ 3.5.5 "风玫瑰"命令

功能:插入风玫瑰图块。

菜单:"图库"→"风玫瑰"。

命令行:INSFMG。

运行命令后,命令行有如下显示:

> *请输入位置点: 用户输入风玫瑰插入的位置点。*

风玫瑰图块的大小及比例是根据当前图形的图纸比例自动处理的。如要修改图块中的比例,可双击此图块,出现属性编辑器对话框(也可直接用 ATTEDIT 命令),修改数值。

▶ 3.5.6 "画指北针"命令

功能:绘制指北针。

菜单:"图库"→"画指北针"。

命令行:DRWCOMPASS。

运行命令后,命令行有如下显示:

> *指北针位置: 用户输入指北针插入的位置点。*
>
> *指北针方向:用户输入指北针的方向点。*

可通过"参数设置"设置图纸比例来调整图块插入大小。

▶ 3.5.7 "比例尺"命令

功能:插入比例尺。

菜单:"图库"→"比例尺"。

命令行:InsScale。

运行命令后,命令行有如下显示:

> *请输入位置点:用户输入插入比例尺的位置点。*

▶ 3.5.8 "生成图例"命令

功能:通过对话框,用户选择需要生成的各项图例内容,生成图例。

菜单:"图库"→"生成图例"。

命令行:MKTULI。

说明:运行命令后,出现如图 3.59 所示的对话框。

图 3.59　生成图例

在列表框中,选择需生成图例的项目,并打上"√",输入列数及字体高度,单击"确认"按钮。在列表框中按鼠标右键,会弹出菜单。

用户如需在列表框中添加新的图例项,则可打开"DAT\用户图例.DWG"文件,向其中添加图块。

▶ 3.5.9　"图框屏蔽"命令

功能:在图框的内框与外框之间,添加一个"WIPEOUT 擦除"实体,用于蔽盖其背面实体,主要用于打印。

菜单:"图库"→"图框屏蔽"。

命令行:TukMask。

运行命令后,命令行有如下显示:

　　选择图框外框线:用户选择图框的外框线。

　　选择图框内框线:用户选择图框的内框线。

▶ 3.5.10　"擦除"命令

功能:绘制"WIPEOUT 擦除"实体,用于蔽盖其背面实体。

菜单:"图库"→"擦除"。

命令行:mkwipeout。

运行命令后,命令行有如下显示:

　　选择第一点或〔边框状态(F)/用多段线新建(N)〕:

　　第一点:根据一系列点确定擦除对象的多边形边界。

　　下一点:指定下一点或按 ENTER 键退出 。

边框:确定是否显示所有擦除对象的边。

开(ON)/关(OFF)：输入 on 或 off。

输入 on 将显示所有擦除边框。输入 off 将禁止显示所有擦除边框。

多段线：

根据选定的多段线确定擦除对象的多边形边界。

选择闭合多段线：使用对象选择方式选择闭合的多段线

是否要删除多段线？［是(Y)/否(N)］：输入 y 或 n

输入 y 将删除用于创建擦除对象的多段线。输入 n 将保留多段线。

选择图框内框线:用户选择图框的内框线。

▶ 3.5.11 "幻灯库"命令

功能:对幻灯库进行各种操作,例如插入幻灯片、幻灯片出库、删除幻灯片和幻灯库存盘等。

菜单:"图库"→"幻灯库"。

命令行:MKSLIDE。

说明:运行命令后,出现如图3.60所示对话框。

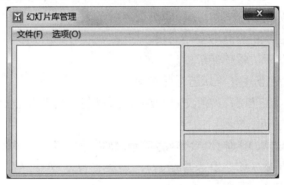

图3.60　幻灯片库管理

首先用"打开幻灯库文件"命令打开文件,然后对幻灯库进行各种操作,再用"幻灯库文件存盘"命令保存。

▶ 3.5.12 "幻灯成图"命令

功能:把幻灯片文件(＊·SLD)转换为 DWG 图形,并插入当前图形文件中。

菜单:"图库"→"幻灯成图"。

命令行:SLIDIN。

说明:运行命令后,出现文件打开对话框,用户选择幻灯文件,单击"打开"按钮。

▶ 3.5.13 "图块图标"命令

功能:更新图块的图标。

菜单:"图库"→"图块图标"。

命令行：BlckIconView。

3.6 标 注

▶ 3.6.1 "注坐标"命令

功能：在当前图形中，标注坐标。

菜单："标注"→"注坐标"。

命令行：LZXZB。

说明：本命令提供两种标注坐标的方式，一种是采用"LZXZB"自定义对象，另一种是采用无名图块方式。这两种方式是通过"参数设置 SETPARM"命令中"启用自定义坐标对象"的开关来控制。以下是针对采用"LZX_ZB"自定义对象的说明：

输入坐标点或[精度（P）/字高（H）/角度（D）/建筑坐标（A）/交点（C）/符号（F）/刷新（U）]：

用户输入需标注坐标的坐标点。

选"P"，则设置坐标标注的精度，即小数点后位数。

选"H"，则设置标注坐标的字体高度。

选"D"，则设置标注的旋转角度。

选"A"则控制使用测量坐标还是建筑坐标。

选"C"则开关交点控制，如果交点控制打开，则输入的坐标点必须为交点，否则不予标注，缺省为打开。

选"F"，则输入"X、Y"与数字之间的符号，缺省是"＝"。

选"U"，则控制坐标标注是否自动刷新，如果是自动刷新，用户移坐标，其值会发生变化，缺省是不刷新。

输入位置点：用户输入坐标标注的位置点。

▶ 3.6.2 "修改坐标"命令

功能：修改坐标的一些属性，例如字高、字型、单位、精度、符号、是否刷新、是否为建筑坐标、是否生成十字号等。

菜单："标注"→"修改坐标"。

命令行：CHGZB。

说明：该命令仅用于修改"LZX_ZB"自定义对象方式的坐标。如果坐标是采用无名图块方式来标注的，则不能使用该命令修改，可使用"比例缩放 MYSCALE"命令对图块式坐标进行放大或缩小处理。

修改[字高（0）/字型（1）/单位（2）/精度（3）/建筑坐标（4）/符号（5）/刷新（6）/十字（7）/引线长（8）]：

选"0"，则修改字体高度。

选"1",则修改字型,即用当前字型替代原来的字型。

选"2",则修改坐标单位,是米单位,还是毫米单位。

选"3",则修改坐标的小数点后位数。

选"4",则修改坐标是测量坐标还是建筑坐标。

选"5",则修改"="符号。

选"6",则修改是否刷新。

选"7",则修改是否显示"十"字标记。

选"8",则修改坐标引线是缺省长度或比例缩放,还是长度值。

注意:该坐标标注的 X、Y 值与计算机中数字 X、Y 值正好相反,即坐标的 X 值等于计算机的 Y 值,坐标 Y 值等于计算机中的 X 值。

▶ 3.6.3 "尺寸标注"命令

功能:这是一个定制的适合规划设计图纸制作的标注命令,只要输入两点即可标注尺寸,可以任意角度标注。

菜单:"标注"→"尺寸标注"。

命令行:MYDIM。

运行命令后,命令行有如下显示:

输入标注起点或[线长(D)/字高(H)/精度(U)/捕捉(S)/前缀(F)/后缀(L)/对齐(A)]:

选"D",则设置尺寸界线长度。

选"H",则设置尺寸标注的字体高度。

选"U",则设置尺寸标注的小数点后位数。

选"S",则打开垂直捕捉。

选"F",输入标注文字的前缀。

选"L",输入标注文字的后缀。

选"A"则选择对齐方式是或否。

如果回车,则使用连续标注,必须已标注了一个尺寸后,再用连续标注。

▶ 3.6.4 "连续标注"命令

功能:连续进行尺寸标注。

菜单:"标注"→"连续标注"。

命令行:CONTDIM。

运行命令后,命令行有如下显示:

第一点:用户输入标注的起点位置。

第二点:用户输入标注的终点位置。

输入尺寸线位置[不偏移]:用户输入标注尺寸线位置。

下一点[回退(U)/精度(D)]:用户输入下一个标注的终点位置,起点用上一个标注的终点。

选"D",则设置尺寸标注的小数点后位数。

选"U",则回退一步。

3.6.5 "尺寸翻转"命令

功能:把尺寸标注的文字翻转到尺寸线的另一边。

菜单:"标注"→"尺寸翻转"。

命令行:MIRDIM。

运行命令后,命令行有如下显示:

选择尺寸标注对象:用户选择需要翻转的尺寸标注对象。

3.6.6 "尺寸修改"命令

功能:修改尺寸标注。

菜单:"标注"→"尺寸修改"。

命令行:CHANGEDIM。

运行命令后,命令行有如下显示:

选择修改[字高(0)/精度(1)/前缀(2)/后缀(3)/箭头块缩放(4)/文字替代(5)]:用户输入 0、1、2、3、4、5。

0:修改尺寸标注的字体高度。

1:修改尺寸标注的精度。

2:修改尺寸标注的前缀。

3:修改尺寸标注的后缀。

4:缩放尺寸标注的箭头块。

5:用文字串替代尺寸标注的文字内容。

3.6.7 "标注缩放"命令

功能:对尺寸标注进行放大或缩小。

菜单:"标注"→"标注缩放"。

命令行:MYDIMSCALE。

运行命令后,命令行有如下显示:

输入缩放比例或[修改字高(H)/统一样式(T)]:用户输入缩放比例,或输入 H 还是 T。

选择标注对象[全选]:用户选择需要修改的标注对象。

H:修改字高,输入字体高度:用户输入字体高度。

T:统一样式,输入字体高度。

3.6.8 "标路宽度"命令

功能:标注单个道路宽度。

菜单:"标注"→"标路宽度"。

命令行:RDWIDM。

运行命令后,命令行有如下显示:

　　选择[标总宽度(0)/标注车道宽(1)/详细标注(2)/精度设置(3)]:用户选择标注的形式,是否标注车道宽度,如果选"0"则只标注整个道路宽度。如果选"1"则标注人行道宽度及车道宽度。

字体高度通过"参数设置"命令中设置高度值。

► 3.6.9 "圆弧半径"命令

功能:标注圆弧半径。

菜单:"标注"→"圆弧半径"。

命令行:DIMARCRAD。

说明:命令行有如下显示:

　　选择圆弧对象:用户选择需要标注半径的圆弧对象。

► 3.6.10 "弧长标注"命令

功能:标注圆弧长度。

菜单:"标注"→"弧长标注"。

命令行:DIMARCLEN。

运行命令后,命令行有如下显示:

　　选择圆弧:用户选择需要标注长度的圆弧对象。

　　输入位置点或[字体高度(H)/精度(P)]:用户输入标注的位置点。

　　选"H",则输入字体高度,

　　选"P",则输入小数点后位数。

► 3.6.11 "坡度标注"命令

功能:标注坡度、坡长及方向箭头。

菜单:"标注"→"坡度标注"。

命令行:DIMPODU。

运行命令后,命令行有如下显示:

　　输入第一点或[标注方式(P)/精度(U)]。

　　选"P",则选择标注的方式,提供"只标坡度""标坡度坡长""加前缀"和"上下标注"等四种选择。

　　选"U"则设置坡度标注的小数点后位数。

► 3.6.12 "圆弧参数"命令

功能:标注道路圆弧参数。

菜单:"标注"→"圆弧参数"。

命令行:DIMRDPRM。

运行命令后,命令行有如下显示:

　　选择[单个标注(0)/批量标注(1)]。

　　选"0",用户选择需要标注的单个圆弧对象。

　　选"1",用户选择需要标注的多个圆弧对象。

▶ 3.6.13 "索引图名"命令

功能:绘制图纸的图号索引。

菜单:"标注"→"索引图名"。

命令行:INDEXNM。

运行命令后,命令行有如下显示:

　　输人被索引的图号(-表示在本图内):用户输入图号总数。

　　输人索引编号:输人索引号。

　　请输人位置点:输人插人的位置点。

▶ 3.6.14 "做法标注"命令

功能:做法标注。

菜单:"标注"→"做法标注"。

命令行:ZUOFADIM。

说明:运行命令后,出现如图3.61所示的对话框。

图3.61　做法标注文字

用户在编辑框中输入文字,菜单按钮中的 M2 表示 M×2,M^2 表示 M^2。

3.7　渲　染

▶ 3.7.1 "轴侧观察"命令

功能:把当前视图转换为轴侧三维视图,以便于三维观察。

菜单:"渲染"→"轴侧观察"。

命令行:VIEW3D。

说明:运行命令后,出现如图3.62所示的对话框。

图3.62 轴侧观察三维视图

用户选择观察方位,程序提供左后方、正后方、右后方、正左方、平面、正右方、左前方、正前方、右前方等九个不同观察方位供用户选择。

注意:

①透视:对当前视图进行透视处理。

②消隐:对当前视图进行消隐处理。

③渲染:对当前视图进行渲染处理。

▶ 3.7.2 "动态观察"命令

功能:动态观察。

菜单:"渲染"→"动态观察"。

命令行:3DORBIT。

说明:动态观察。

▶ 3.7.3 "效果平面"命令

功能:转换为平面效果图。

菜单:"渲染"→"效果平面"。

命令行:ImagePlan。

▶ 3.7.4 "图像路径"命令

功能:自动更改光栅图像的路径。

菜单:"渲染"→"图像路径"。

命令行:UPDATEIMAGEDIR。

说明:使用本软件安装路径下的image文件夹,自动替换图中所有光栅图像的路径。当图中的图像找不到路径时,可使用该命令,自动替换。

3.8 工 具

▶ 3.8.1 "参数设置"命令

功能:自定义当前图形的图纸比例、字体高度、绘图单位等参数。

菜单:"工具"→"绘图参数"→"参数设置"。

命令行:SETPARM。

说明:运行该命令后,出现如图3.63所示对话框。

图3.63 绘图参数设置

①图纸比例:在下拉列表窗口中,用户选择当前图形的图纸比例。

②字体高度:在编辑框中输入当前图形的基本字体高度值。

③绘图单位:在下拉列表窗口中,用户选择绘图单位(只提供"米"和"毫米"两种单位),如果选择"米",则表示当前图形一个单位为1米,如果选择"毫米",则表示1个单位为1毫米。

绘制规划设计图纸,最好选用"米"单位,绘制建筑设计图纸,则选"毫米"单位。

各参数设置好后,单击"确认"按钮,程序自动把这些参数保存在当前图形文件中,之后,用户运行其他命令,程序会自动调用这些参数值,无须人工输入。

一般情况下,在绘图之前,应先用该命令设置好各绘图参数。

▶ 3.8.2 "图层设置"命令

功能:用户自定义该软件生成的各种图层名称、颜色和线型。

菜单:"工具"→"绘图参数"→"图层设置"。

命令行:LAYDLG。

说明:运行命令后,出现如图3.64所示的对话框。

本系统软件中的许多命令,在运行时都会自动产生图层,例如:绘制道路时会产生道路中线、侧石线和红线等图层。本命令提供用户自己设定图层的名称、颜色及线型功能,以符合各地技术习惯。

软件所用图层名称是通过ID码实现的,一个图层ID码对应一个用户图层名称。因此,用户在修改图层名称时,必须和ID码一一对应,不能错位。

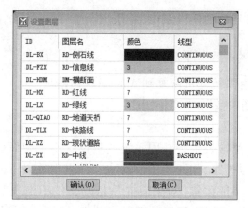

图 3.64　设置图层

图层修改完成后,单击"确认"按钮,程序自动保存到本软件安装目录 SYS1(或 SYS2)子目录下的"LAYPARM. DAT"文件中,需要重新启动 AutoCAD 才能生效。用户应及时备份"LAYPARM. DAT"文件,以便下次重装本系统时能顺利恢复。

▶ 3.8.3　"弯道设置"命令

功能:自定义道路交叉口转弯半径参数。

菜单:"工具"→"绘图参数"→"弯道设置"。

命令行:SETRDPARM。

说明:该命令为"交叉处理""单交叉口"命令提供转弯半径参数。不同宽度等级的道路相交叉,其转弯半径值不一样。

运行该命令后,出现如图 3.65 所示的对话框。

路宽	3.5m	4m	6m	10m	12m	15m	20m	2
3.5m	6							
4m	6	6						
6m	6	6	6					
10m	6	9	9	12				
12m	9	9	12	15	15			
15m	9	9	12	15	15	15		

交叉口: 方角处理(按缘石) ∨　交叉角度的影响: 影响转弯半径 ∨

确认(O)　取消(C)　默认值

图 3.65　设置道路转弯半径

①路宽:列出了各种等级道路相交叉的转弯半径值。

②交叉口:选择交叉口处理方式,提供圆角和方角两种处理方式。

③交叉角度:选择交叉角度是否影响交叉口处理,提供"影响转弯半径"和"不影响转弯半径"两种方式。如果选择"影响转弯半径",则在交叉口处理时,相交叉的两条道路交叉角小于 90°,则其转弯半径值会小于设定值;如果交叉角大于 90°,则其半径值会大于设定值。

默认值:当用户所设定的值有错时,可以使用"默认值"恢复。

④保存:各参数设置好后,存盘。

列表框中空白单元格是只读模式,不能编辑。

▶ 3.8.4 "变量恢复"命令

功能:把当前图中所有系统变量恢复到 AutoCAD 初始状态。

菜单:"工具"→"绘图参数"→"变量恢复"。

命令行:RESETVAR。

说明:在绘图过程中,经常发生一些因系统变量设置不正确而引起的不正常现象,使用该命令,能把系统变量恢复过来,问题会得到解决。如果出现以下问题:打印出现空心字现象;选择对象速度特别慢;不能设置"对象捕捉";打开文件不出现对话框;打印 PLT 文件尺寸不正常;选对象时不能添加选择;鼠标中键不能平移视图等,不妨用该命令试一试。

▶ 3.8.5 "用户坐标"命令

功能:设置用户坐标系。

菜单:"工具"→"绘图参数"→"用户坐标"。

命令行:CHGUCS。

运行命令后,命令行有如下显示:

指定第一点或[世界坐标系(W)/参照线(P)]:

如果想改回到世界坐标系,则可选择任意非直线,回车;也可用"UCS"命令,选"W"修改。该命令主要用于绘制非正南北向的存在一定偏角的图形。

▶ 3.8.6 "文件信息"命令

功能:在当前图形文件中添加文字信息、说明等。

菜单:"工具"→"绘图参数"→"文件信息"。

命令行:SETXD。

说明:运行该命令后,出现如图 3.66 所示对话框。

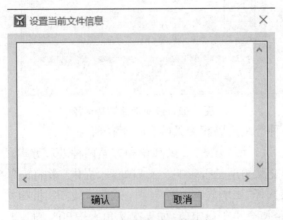

图 3.66 设置当前文件信息

用户可以在编辑框中添加说明信息,字数不受限制。例如,用户可以添加该图形文件的相关说明:设计人名、出图日期、建设单位、设计号、工程名称、图层内容、会议纪要、注意问题、设计要点等,以备日后查询。下次查询时,仍然用该命令。

▶ 3.8.7　"图块删除"命令

功能:显示当前图形(或打开指定图形)中的图层、图块、字体、线型、标注等信息,并提供强行删除功能。

菜单:"工具"→"图块"→"图块删除"。

命令行:TABLDEL。

说明:运行命令后出现如图3.67所示的对话框。

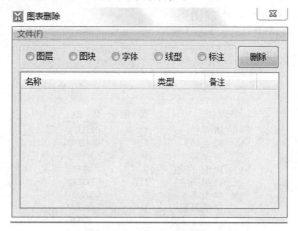

图3.67　图表删除

打开"图层"开关按钮,列表框中会显示该文件的所有图层信息。

如果要将某一图层强行删除,则选择该图层名,然后按"删除"钮。同样,该方法也用于删除图块、字体、线型、标注等。

用户也可以打开其他的DWG文件对其操作。

注意:"删除"命令可能会破坏DWG文件,使用时应非常慎重。

▶ 3.8.8　"转无名块"命令

功能:把有名的图块转为无名块。

菜单:"工具"→"图块"→"转无名块"。

命令行:CVTUNBLK。

运行命令后,命令行有如下显示:

选择需转换的图块:用户选择需转为无名块的有名图块。

▶ 3.8.9　"炸属性快"命令

功能:用普通炸开(EXPLODE)命令炸开带属性(ATTDEF)图块时,内容通常会改变,本命令能把属性块炸开,使其内容不变。

菜单:"工具"→"图块"→"炸属性块"。

命令行:EXPLODATT。

运行命令后,命令行有如下显示:

　　选择包含属性的图块或多重图块:用户选择属性块或多重图块。

　　选择[删除隐藏属性(0)/保留隐藏属性(1)]:用户选择炸开方式:选"0",则隐藏的属性被删除。

该命令能炸开多重图块。

▶ 3.8.10 "生成图层"命令

功能:在当前图形中,生成用户指定的图层,可以一次生成全部的图层。

菜单:"工具"→"图层"→"生成图层"。

命令行:MKLAYDLG。

说明:运行命令后,出现如图3.68所示的对话框。

图3.68　生成图层

用户在需要生成的图层名称前打"√",然后单击"确认"按钮,即可生成指定图层。

在列表框上单击鼠标右键,则出现下拉菜单。该命令中的所有图层内容全部来自"图层设置"命令,用户如需添加图层或修改图层,可使用"图层设置"命令修改。

▶ 3.8.11 "图层相同"命令

功能:把多个对象的图层修改为参照对象的所在图层。

菜单:"工具"→"图层"→"图层相同"。

命令行:CHGLAY。

运行命令后,命令行有如下显示:

　　选择修改相同图层的参照对象:用户选择参照对象。

　　选择需要修改的对象:用户选择需要修改图层的对象。

▶ 3.8.12 "图层合并"命令

功能:把当前图形中的某一图层合并到另一图层。

菜单:"工具"→"图层"→"图层合并"。

命令行:MERGLAY。

说明:运行命令后,出现如图3.69所示的对话框。

图3.69　图层合并

用户选择合并后删除的图层和合并后保留的图层,然后单击"合并"按钮。

▶　**3.8.13　"按色分层"命令**

功能:依据对象颜色,重新划分对象的图层。

菜单:"工具"→"图层"→"按色分层"。

命令行:CHBYCLR。

运行命令后,命令行有如下显示:

　　真的要按对象颜色重新分层吗[是(Y)/否(N)]? 用户回答"Y"。

▶　**3.8.14　"按类显示"命令**

功能:依次按填充、光栅图像、线形对象、文字对象的顺序,重新调整当前图形的显示顺序。

菜单:"工具"→"显示"→"按类显示"。

命令行:DWORDER。

说明:本命令重新调整当前图形的显示顺序,最底层为实心填充对象,然后为透明的光栅图像对象,再为直线、圆、圆弧、多段线等曲线对象,最上面为文字、标注等对象。

▶　**3.8.15　"按层显示"命令**

功能:按图层设置的顺序,调整显示的顺序。

菜单:"工具"→"显示"→"按层显示"。

命令行:LAYERORDER。

说明:运行命令后,出现如图3.70所示对话框。

用户从左边的列表框中选择层名,单击"〉〉"按钮,将其添加到右边的列表框,右边列表框为图层显示顺序,设置好后单击"确认"按钮。

该命令能保存设置结果,用户只需设置一次,可重复使用。

图 3.70　按图层显示顺序

▶　3.8.16　"恢已删体"命令

功能:恢复本次图形编辑以来,已删除的所有对象。

菜单:"工具"→"工具"→"恢已删体"。

命令行:UNDELALL。

说明:在编辑图形时,常常会删除许多对象,该命令能一次性恢复所有已删除的对象。

注意:

①该命令只能恢复从图形"新建"或"打开"以后被删除的对象,因此,DWG 文件刚打开时,没有被删对象,该命令不起作用。

②该命令类似于"U"命令,但"U"命令只能一次恢复一个操作,且会把已有的对象,恢复为没有。

▶　3.8.17　"删同对象"命令

功能:在当前图形中,删除与所选对象同图层、同类型的所有对象。

菜单:"工具"→"选择集"→"删同对象"。

命令行:EASEENT。

运行命令后,命令行有如下显示:

　　选择需删除的同类对象中的任一对象:用户选择参照对象。

程序自动获取该对象的图层和对象类型,然后检查当前图形,凡是图层和对象类型与其相同的对象全部删除。该命令具有破坏性,用户应慎重使用。

▶　3.8.18　"选择填充"命令

功能:选择当前图中所有填充(HATCH)对象。

菜单:"工具"→"选择集"→"选择填充"。

命令行:SELHTCH。

说明:运行该命令后,程序自动选择当前图形中所有填充(HATCH)对象。如果用户使用编辑命令对所选对象进行编辑,则在提示选择对象时用"P"(选上次的选择集)回答。

▶ 3.8.19 "填充边界"命令

功能:生成填充对象的边界线。

菜单:"工具"→"填充"→"填充边界"。

命令行:HATCHLINE。

运行命令后,命令行有如下显示:

选择边界线图层[当前层(0)/随填充对象层(1)/线框层(2)]:

用户选择生成边界线的图层位置。有三种选择,"当前层""随填充对象同图层"和"线框层"。"当前层"是指生成的对象在当前图层;"随填充对象同图层"是指生成的边界线和填充对象在同一图层,如果填充对象在"0"层,则边界线也在"0"层。"线框层"是指生成边界线的图层在填充对象图层后加"-线框"后缀,形成新的图层,例如:如果填充对象图层为"YD-R2",则生成的边界线图层为:"YD-R2-线框"。

选择需生成边界的填充对象:用户选择填充对象。

如果需要生成具有关联性质的边界线,则使用"填充关联"命令。用户修改关联边界线,其填充也会跟着修改。

使用该命令生成边界后,可用于计算其面积。

▶ 3.8.20 "炸开文字"命令

功能:把所选文字串炸开成为单个字符。

菜单:"工具"→"文字二"→"炸开文字"。

命令行:TXTEXP。

运行命令后,命令行有如下显示:

选择需炸开的文字:用户选择文字对象(只能选取一个)。

该命令并非把文字炸成线条,只是炸开成单个字符。

▶ 3.8.21 "联接文字"命令

功能:把所选多个文字串联接成一个文字串。

菜单:"工具"→"文字二"→"联接文字"。

命令行:TXTLNK。

运行命令后,命令行有如下显示:

选择需联接的文字:用户选择需联接的多个文字对象。

▶ 3.8.22 "属性转字"命令

功能:能把属性定义(ATTDEF)对象转为文字(TEXT)对象,或把文字对象转为属性定义对象。

菜单:"工具"→"文字二"→"属性转字"。

命令行:ATT2TXT。

运行命令后,命令行有如下显示:

选择[属性定义转文字(0)/文字转属性定义(1)]:用户选择转换方式。

选"0",则把属性定义转为文字。

选"1",则把文字转为属性定义。

选择文字对象或属性定义对象:用户选择需转换的文字对象或属性定义对象。

▶ 3.8.23 "字符查找"命令

功能:在当前图形中查找用户指定的文字串,找到后把该文字移到屏幕中心并放大。

菜单:"工具"→"文字二"→"字符查找"。

命令行:FINDTXT。

运行命令后,命令行有如下显示:

输入文字:用户输入需要查询的文字串。

[ESC退出,U-回退](继续):用户回车,则程序继续查找该字符串,直到结束,如果选"U",则回退到上次查找到的文字对象位置,按"ESC"退出。

该命令可以一直查找,直到把当前图形全部搜索完。

▶ 3.8.24 "计算面积"命令

功能:计算图形中指定边界区域的面积。

菜单:"工具"→"计算"→"计算面积"。

命令行:CALAREA。

运行命令后,命令行有如下显示:

输入字体高度或[单位(P)]:用户输入字体高度,如果选"P",则用户选择输出单位,提供平方米、公顷和亩三种单位。

选择计算方法[点选(0)/选对象(1)/描边界(2)/按次选线(3)]:用户选择计算方式。

选"0",则通过在闭合区域内点取一点,程序自动获取边界线,并计算其面积。

选"1",则用户选择闭合多段线、数字或填充图案,程序自动计算它们的面积,如果是数字,则直接把数字的值作为面积值。

选"2",则用户描绘区域的边界顶点,生成区域边界线,然后计算出该边界线面积。

请输入位置点:用户输入面积标注的位置点,如果回车,则只在ACAD命令行显示,不标注在图上。

▶ 3.8.25 "计算长度"命令

功能:计算曲线上两点之间的长度。

菜单:"工具"→"计算"→"计算长度"。

命令行:MULCURLEN。

运行命令后,命令行有如下显示:

选择[两点直线(0)/两点曲线(1)/多点直线(2)]:用户选择计算类型,

如果选"0",则计算直线两点之间的长度,并标注。

如果选"1",则计算曲线两点之间的长度,并标注。

请输入位置点:用户输入标注的位置点。

▶ **3.8.26 "面积标注"命令**

功能:求出所选多个闭合多段线的面积,并把面积值标注于图中。

菜单:"工具"→"计算"→"面积标注"。

命令行:PLINEAREA。

运行命令后,命令行有如下显示:

选择[标注面积(0)/统计面积(1)]:用户选择处理方式。

选"0",则提示用户选择闭合多段线,该程序可以对所选多个多段线求出其面积,并标注在各多段线的中心位置,单位为"平方米"。

选"1",则提示用户选择闭合多段线,程序自动按图层统计所选多段线的面积。

▶ **3.8.27 "图块总数"命令**

功能:依据图块名称,统计当前图形中各种图块的总数,并按图块名称和数量列表显示。

菜单:"工具"→"计算"→"图块总数"。

命令行:TJTUKUAI。

说明:该命令可以统计树种数、电气开关总数等。

▶ **3.8.28 "填充面积"命令**

功能:自动按图层名称分类统计填充对象的总面积。

菜单:"工具"→"计算"→"填充面积"。

命令行:HATCHAREA。

运行命令后,命令行有如下显示:

请选择[显示(0)/EXCEL 输出(1)]:用户选择输出方式。

选"0",则在 ACAD 命令行显示统计结果。

选"1",则出现"另存为"的对话框,用户输入 Microsoft Excel 格式文件名,程序会将统计结果输出到该 Microsoft Excel 文件中,用户可使用"Microsoft Excel"打开编辑。

选择填充图案:用户选择需要统计面积的填充图案。

该命令一般用于统计现状图中的用地面积情况,可生成现状用地平衡表,也可用于规划图中粗略统计各用地面积。

▶ **3.8.29 "表达式"命令**

功能:提供一个表达式计算器。

菜单:"工具"→"计算"→"表达式"。

命令行:FUNCALC。

说明:运行命令后,出现如图 3.71 所示的对话框。

图 3.71　计算器

用户在编辑框中输入计算表达式,单击"计算"按钮即可显示结果。

查询表达式输入规则,单击"帮助"按钮,其运算规则如下:

(1)运算符

加:+　减:-　乘:＊　除:/　相反数:~　括号:()[]{}

(2)函数

正弦:sin(x) 余弦:cos(x) 正切:tan(x)

余切:cot(x) 反正弦:asin(x) 反余弦:acos(x)

反正切:atan(x) 反余切:acot(x) 双曲正弦:sinh(x)

双曲余弦:cosh(x) 双曲正切:tanh(x) 求 x 平方:sqr(x)\n"

绝对值:abs(x) 自然对数:ln(x) 取 10 的对数:log(x)

e 的 x 次方:exp(x)　x 的 y 次方:pow(x,y)　对 x 开平方:sqrt(x)

四舍五入:round(x) 取整数:trunc(x) 取余:mod(x,y)

求不大于 x 的最大整数:floor(x) 直三角形斜边长:hypot(x,y)

求不小于 x 的最小整数:ceil(x)

(3)举例

pow(3,5)+[6＊2＊sin(35)-cos(25)/5]＊tan(45)

3.9　帮　助

▶ 3.9.1　"帮助"命令

功能:提供本软件相关帮助信息。

菜单:"帮助"→"帮助"。

命令行:LZXHLP。

说明:提供本软件相关帮助信息。

▶ 3.9.2　"规范查询"命令

功能:调用规范查询文件,查询相关规范。

菜单:"帮助"→"规范查询"。

命令行:GUIFAN。

说明:用户可以替换本规划规范文件,只需把用户自己的规范文件更名为"GUIFAN.CHM",然后替换本系统中的"HLP\GUIFAN.CHM"文件即可,注意文件格式为"＊.CHM"。

► 3.9.3 "快捷命令"命令

功能:在 AutoCAD 菜单中添加"快捷命令"子菜单,用户可以把本软件中的部分命令放入快捷键中。

菜单:"帮助"→"快捷命令"。

命令行:CMDEDIT。

说明:运行命令后,出现如图 3.72 所示的对话框。

序号	快捷命令	原始命令	备注
1	AAA	CALAREA	计算面积
2	AD	ADDTXT	选数求和
3	AE	AREA	求面积
4	B	BREAK	打断
5	BB	BOUNDBOX	测量边界
6	BD	BRKPT	交点打断
7	BG	DIMOUTBG	标高标注
8	BJ	GETOUTLINE	地块边界线

图 3.72 快捷命令表

用户选择需要添加到快捷菜单中去的命令,在其前打"√",单击"确认"按钮。如果不选,单击"确认"按钮,则删除快捷菜单。

► 3.9.4 "浮动菜单"命令

功能:开关湘源修规浮动菜单。

菜单:"帮助"→"浮动菜单"。

命令行:SHOWDOCK。

说明:本命令用于开关湘源修规浮动菜单,也可使用按键开关。

Ctrl+F11:开关主菜单。

F11:开关屏幕菜单。

► 3.9.5 "查杀病毒"命令

功能:查杀 ACAD 不能炸开病毒。

菜单:"帮助"→"查杀病毒"。

命令行:KILLACAD。

说明:用于查杀 AutoCAD 的 Lisp 病毒。

► 3.9.6 "加密 LISP"命令

功能:阅读简单加密的 LISP 文件。

菜单:"帮助"→"加密 LISP"。

命令行:VIEWPROTLSP。

说明:AutoCAD14 以前的 LISP 文件加密方法很简单,本命令帮你解密并提供查看。

▶ 3.9.7 "SHX 转 SHP"命令

功能:转 SHX 格式为 SHP 格式。

菜单:"帮助"→"SHX 转 SHP"。

命令行:SHXTOSHP。

说明:把编译的"SHX"字体或形文件转为原码"SHP"文件。

▶ 3.9.8 "加密狗"命令

功能:设置加密狗查找方式。

菜单:"帮助"→"加密狗"。

命令行:DogTypeSet。

说明:运行命令后,出现如图 3.73 所示的对话框。

图 3.73 加密狗设置

用户选择加密狗的查找方式:

①如果选择只查找单机狗,则程序不会搜索网络狗。

②如果选择只查找网络狗,则程序不会搜索单机狗。

③缺省为先找单机狗,如果没有找到单机狗,则再找网络狗。一般情况,查找网络狗的速度较慢。

主要参考文献

［1］中华人民共和国住房和城乡建设部. 城市居住区规划设计标准:GB 50180—2018［S］. 北京:中国建筑工业出版社,2018.

［2］齐慧峰,王林申,朱铎,等.《城市居住区规划设计标准》图解［M］.北京:机械工业出版社,2021.

［3］赵景伟,代朋,陈敏.居住区规划设计［M］.武汉:华中科技大学出版社,2020.

［4］张燕.居住区规划设计［M］.2 版.北京:北京大学出版社,2019.